つくって楽しい
JavaScript
入門

身近な
不思議を
プログラミング
してみよう

スペースタイム
柳田拓人 著

サイエンス＆プログラミング教室
ラッコラ 監修

JN088041

SHOEISHA

本書内容に関するお問い合わせについて

このたびは翔泳社の書籍をお買い上げいただき、誠にありがとうございます。弊社では、読者の皆様からのお問い合わせに適切に対応させていただくため、以下のガイドラインへのご協力をお願い致しております。下記項目をお読みいただき、手順に従ってお問い合わせください。

●ご質問される前に

弊社Webサイトの「正誤表」をご参照ください。これまでに判明した正誤や追加情報を掲載しています。

正誤表　　　　https://www.shoeisha.co.jp/book/errata/

●ご質問方法

弊社Webサイトの「刊行物Q&A」をご利用ください。

刊行物Q&A　　https://www.shoeisha.co.jp/book/qa/

インターネットをご利用でない場合は、FAXまたは郵便にて、下記"翔泳社 愛読者サービスセンター"までお問い合わせください。電話でのご質問は、お受けしておりません。

●回答について

回答は、ご質問いただいた手段によってご返事申し上げます。ご質問の内容によっては、回答に数日ないしはそれ以上の期間を要する場合があります。

●ご質問に際してのご注意

本書の対象を越えるもの、記述箇所を特定されないもの、また読者固有の環境に起因するご質問等にはお答えできませんので、予めご了承ください。

●郵便物送付先およびFAX番号

送付先住所　　〒160-0006　東京都新宿区舟町5
FAX番号　　　03-5362-3818
宛先　　　　　（株）翔泳社 愛読者サービスセンター

はじめに

●誰のための本？

本書とパソコンがあれば、**知っているようで知らない「身近な不思議」を題材に、プログラミングを体験できます。対象は、**プログラミングを学んでみたいと思っても、ゲーム作りやウェブサイト作りにはあまり興味がないという、あなたです！**

また、授業にプログラミングをどう取り入れたらよいのかに悩む小中学校の先生や、プログラミングの授業に物足りなくなった小中学生、高校生にもぴったりです！

身近な不思議、つまりサイエンスを題材にするのにはわけがあります。実は、サイエンスに出てくる「法則」とプログラミングに出てくる「手順（アルゴリズム）」は似たような考え方。だからピッタリなのです。

さまざまな不思議に触れて、それをプログラミングで再現したり体験したりすれば、**プログラミングのイメージはもちろん、他人に話したくなるような科学の知識が身に付きます**。また、法則やアルゴリズムといった考え方も理解できるようになります。

●プログラミングを学ぶ理由

ところで、サイエンスもプログラミングも自分には特に関係ない、と思っていませんか？ そんなことはありません！

例えば、新しい病気がはやったとき、その流行を予測して対処する武器となるのは、統計学や疫学といったサイエンスです。一方、すべてのコンピューターはプログラミングによって動いています。コンピューターを一度も見ない日なんてありませんよね？

実は身近なサイエンスとプログラミング。では、最後にサイエンスを学んだのはいつだったでしょうか？　中学生や高校生のときという方も少なくないでしょう。プログラミングにいたっては、習うことすらなかったかもしれません。

今となって、そういった**教養**を身に付けたくなったら、どうすればよいのでしょう？

●本書のコンセプト

そこで本書では、身近な不思議、身の回りにあるのに知っているようで知らないサイエンスというコンセプトでさまざまなテーマを集め、その概要の説明と、テーマにそったプログラミング課題を組み合わせました。

プログラミングに興味がある方はもちろん、サイエンスに興味のある方も、その両方を楽しみながら学び、理解を深めることができます。

集めたテーマは、生物学や気象学、物理学といったいわゆる理科的なものから、情報科学や工学など、幅広い分野にまたがります。

テーマごとにほぼ独立しているので、前半でプログラミングの基礎を学んでしまえば、後はどのテーマから始めても構いません。ひととおりながめてみて、面白そうなところからはじめても大丈夫です。

●本書の構成

本書は次のような構成になっています。まず、第1章から第3章までで、プログラミングの基礎を説明しています。プログラミングに必要なアプリもここで紹介します。

以降の章では取り上げたテーマごとに、はじめにサイエンスの内容を解説した後、続けてそれを再現したり体験したりするプログラミングに取り組みます。

各章には 🧪 実験クイズ と題した、プログラミング自体にまつわるクイズや、プログラムを使ったサイエンスのクイズを載せました。

また第4章からは、各章の終わりの方に、自分のプログラムを少し変える
だけで、いろいろな変化を楽しめる 改造レシピ を載せました。改造レシ
ピを組み合わせれば、サンプル・プログラムを自分独自の作品にできますよ！

それでは、サイエンス×プログラミングを始めましょう。**自ら手を動かす**こ
とが、教養としてのプログラミングへの近道です。

本書で一緒に学ぶ
キャラクター紹介

ハシビロさん

サイエンスもプログラミングも興味はあるけど、
今までなかなか手を出せずにいたトリ（ハシビロ
コウ）。ときどきトリギャグを言うクセがある。

オオハシさん

ハシビロさんの友達で、本書の進行役をつとめて
くれるトリ（オオハシ）。ときどき補足の説明
をつぶやいて、読者のサポートもしてくれる。

CONTENTS

chapter 01

プログラミングって
何だろう?

シンプルに「何だろう」という気持ちがあれば大丈夫です。さっそ
くページをめくって、プログラミングの世界に飛び込みましょう!
簡単なプログラミングの仕方から、コンピューターが「動く」「動
かない」の違いまでを身に付けます。

そもそもプログラムとは?

プログラミングって何だい? チキンと説明してくれるんだよね?

ド直球な質問ですが、もちろん、この章をじっくり読めばわかります。

こんなものは我が道をスズメってな……あれ? 途中でわからなくなった……。

そんなときは少し飛ばすとわかるかもですね。何はともあれスタートです!

コンピューターは、「こうしてくれ、ああしてくれ」と**指示**するまで、まったく何もしてくれません! パソコンもスマートフォンも、ゲーム機もそうです。

そう言われると疑問に思いますよね? 多くのコンピューターは、電源スイッチを入れただけで、絵や音が出ますから。ですがそれは、前もって誰かが、そうするように**コンピューターへ指示**をしていたからなのです。

このコンピューターへの指示を**プログラム**と言います。プログラムとは、コンピューターに対して、まずはこれをして、次はあれをして、この場合はこうして、あの場合はこうして……と、指示をこと細かに書いたものなのです。

仕事で使うワープロや表計算、スマートフォンで毎日見る動画やニュースのアプリも、誰かが書いたプログラムにしたがって、コンピューターが動いた結果なのです (図 1-1)。

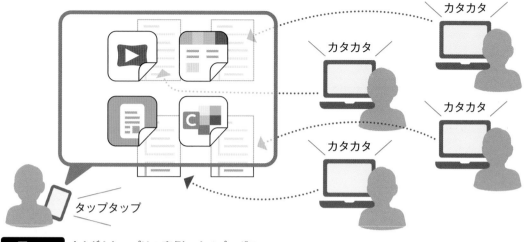

図 1-1　さまざまなアプリの裏側にあるプログラム

コンピューターに言い聞かせ

　言いかえると、コンピューターは完全に指示待ちのマニュアル機械です。悪い意味ではありませんよ。コンピューターは**きちんと指示したことなら確実にその通りに、しかも何度でも**動いてくれる、実に頼もしい存在なのです！

　結局のところ、コンピューターに対して、親切ていねいに**言い聞かせること**、それが**プログラミング**なのです。

　ところで、「コンピューター」や「プログラミング」と聞くと、「数学や英語の勉強が必要なの？」と思われるかもしれません。実際には、**数学も英語も直接はプログラミングに関係ありません**。それとはちょっと違った頭の使い方をするのがプログラミングです。

言い聞かせなんて、ヒナみたいだな！全然怖くない！

プログラミングのための言葉

コンピューターに指示を言い聞かせることがプログラミングなら、そのための言葉が必要なはずです。

そこで、コンピューター専用の言葉の出番です。コンピューターに指示するための言葉を、**プログラミング言語**と言います。一般的にプログラミング言語には英単語が使われるので、一見、英語に見えるかもしれませんが、別のものです。

さて、人間の言葉には日本語や英語などさまざまな種類があるように、プログラミング言語もいろいろあります。その中でも本書では、「**JavaScript**」という言語を使います。

本書のような入門書で JavaScript を使うのはマイナーだと思われるかもしれませんが、身に付けられる**プログラミングの考え方**は多くのプログラミング言語に共通なものです。

日本語だとよかったんですけど、コンピューターには難しいみたいですよ。

Column

コンピューターはプログラムを理解できるの？

実は、コンピューターは私たちが書くプログラミング言語を理解できないのです。コンピューターが本当に理解できる言葉はほかにあるのですが、それは逆に、人間にはなかなか読み書きできるものではありません。

そこで私たちは、まずプログラムをプログラミング言語で書き、それをさらにコンピューターが理解できる言葉に変換してもらっています。

この言葉の変換を、本を翻訳するように一括で行うのがコンパイラー（というソフトウェア）です。一方、同時通訳のように逐一変換するのがインタプリターです。どちらの方式かは言語により、JavaScriptは多くの場合その両方の組み合わせです（図1-2）。

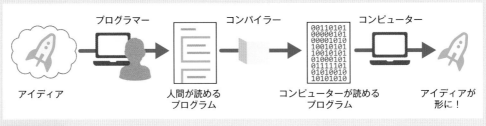

プログラマー　　　　　　コンパイラー　　　　　コンピューター

アイディア　　　　人間が読める　　　　コンピューターが読める　　　アイディアが
　　　　　　　　　プログラム　　　　　　プログラム　　　　　　　　形に！

図1-2 コンパイラーの役割

JavaScript という言語

地図やメール・サービス、SNS も、JavaScript のおかげなんですね。

JavaScript が技術的にどのようなプログラミング言語なのか、ということについて説明は省きます。その代わりに、JavaScript がどのように使われているかについて説明しましょう。

毎日のように、さまざまなネット上のサービスを使いますよね? それらの多くは、**ウェブ・ブラウザーで動作する JavaScript** で書かれたプログラムによって実現しています。

つまり、私たちは普段から、パソコンやスマートフォン（のブラウザー）で、**JavaScript を使っている**のです。ブラウザーさえあれば使えるという利点から、JavaScript はまさに**大人気のプログラム言語**となっています。

さらに、サーバー側でもウェブ・サービスのしくみを支えるために使われていますし、パソコンのアプリの中には、JavaScript で開発されたものもあります。

ところで、JavaScript は昔から人気があったわけではありません。1995 年に生み出された当時は、その目的がブラウザー上でのアニメーションや簡単な操作の実現だったため、おもちゃの言語だと思われていました。

しかし、JavaScript を使うことでさまざまなサービスを実現できることがわかると、その実力が認められ、正真正銘のプログラミング言語として発展を続け、現在にいたります。

Column

JavaScriptとまぎらわしい別の言語

JavaScriptの正式名称は「Java」と「Script」の間に空白を入れずにつなげて書きます。また、省略するときは「JS」と書きます。
ときどきJavaScriptのつもりで「Java」と書く方がいますが、それは間違いです。なぜかというと、まったく違うJava（ジャバ）という言語があるからです！

それでは、次節から、プログラミングを行う環境を整えていきましょう。ちなみに、本書で使うプログラミングのためのアプリは、JavaScript で作られています。JavaScript のアプリを使った JavaScript のプログラミングです！

Croqujs 入門

この節では、JavaScript のプログラムを入力して実行するためのアプリ（開発環境）をインストールする方法を学びます。

JavaScript のプログラムは、テキスト・ファイルを作成できる「メモ帳」などのアプリを使えば書けるのですが、ウェブ・ブラウザーで動かすには、面倒な操作が必要です。

そこで本書では、**Croqujs** というアプリを使用します。Croqujs を使うと、プログラムを入力してボタンを押すだけで、すぐに実行結果を確認することができます。

> Croqujs は、美術で使うクロッキー帳にちなんでいます。スケッチ感覚でプログラミングということですね。

インストールの方法

まず、ウェブ・ブラウザーを開き、翔泳社のサイト（https://www.shoeisha.co.jp/book/download/9784798168326）上のリンクから、本書の特設ページに移動します。

使っているパソコンに合わせて、Windows 版、もしくは macOS 版と書かれたボタンのどちらかをクリックします。ファイルを保存するかどうか聞かれたら、「ファイルを保存」をクリックして、デスクトップなど覚えやすい場所に保存します。

デスクトップ（またはファイルを保存した場所）に移動し、インストーラー・ファイルをダブル・クリックします。

もし、「Windows によって PC が保護されました」という画面が表示された場合は、「詳細情報」をクリックしてから「実行」ボタンを押してください。

すると、「このコンピューターを使用しているすべてのユーザー用にインストールする」のか、「現在のユーザーのみにインストールする」のかを聞かれます（図 1-3）。通常は、後者を選ぶとよいでしょう。

「インストール」をクリックします。少し待つと、「Croqujs セットアップ ウィザードは完了しました。」と表示され、インストールは終了します。「Croqujs を実行」のチェックを外し、「完了」をクリックします。

なお、本書の説明は Windows 版に基づきます。基本的に macOS 版と Windows 版に違いはあ

りませんが、アプリの開き方、ショートカットキーの操作などが一部違いますので、macOS 版を使う方は、読み替えるようにしましょう。

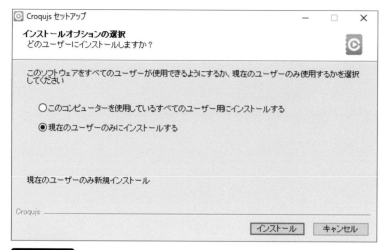

図 1-3 セットアップ画面

基本的な使い方

Croqujs を開きましょう※。「スタート・メニュー」の「C」の項目のところに、インストーラー・ファイルと同じ見た目の、オレンジ色のアイコンがあるはずです（図 1-4）。

図 1-4 Croqujs のアイコン

Croqujs を起動すると、プログラムを入力する編集画面が表示されます（図 1-5）。ここでプログラムを書いて、JavaScript（.js）ファイルとして保存し、右上にある**実行ボタン**▶を押してプログラムを実行します。

図 1-5 Croqujs の編集画面

それでは、プログラムを入力してみましょう。次の通り、キーボードで入力します。入力し終わると色分けされて表示されるはずです（図1-6）。

```
console.log("Hello World!");
```

図 1-6 プログラムを入力したところ

右上の実行ボタンを押します。新しいウィンドウが開きますが、空っぽですよね？ この先、プログラムで絵を描くと、このウィンドウ（実行画面）に表示されることになります。今は何も表示されませんが、閉じずにそのままにしておいてください。

一方、先ほどのウィンドウ（編集画面）に戻ってみると、**たった今入力していた部分の下**に、次のように表示されているはずです。

実行結果▶　　Hello World!

> もし表示されなかったら、何か打ち間違いがあるはずだから、チキンと確かめるんだよ！

このテキストの表示された部分を「コンソール出力」と言います。また、ここにテキストを表示させることを「**コンソール出力する**」と言います。

もう一度、編集画面を観察しましょう。上の方にはアイコンの並んだ「ツールバー」があります（図1-7）。先ほど押した「実行」ボタンもあります。「保存」ボタン、「元に戻す」「コピー」「貼り付け」ボタンなどは、ほかのアプリと同じです。試してみましょう。

© 名称未設定 — Croqujs

メニュー　保存　　　　　元に戻す　コピー　貼り付け　　　　　実行

図 1-7 ツールバーの主なボタン

※macOS版の場合、インストールは問題なく行えますが、アプリの起動がブロックされることがあります。そこで、インストール後の初回起動時のみ、次の手順にしたがいます。
1. ファインダーで、「アプリケーション」フォルダーに入っている「Croqujs」のアイコンを見つけます。
2. Control+クリック（右クリック）し、ショートカットメニューから「開く」を選択します。
3. 「開く」をクリックします。
以降は、ほかのアプリと同様にLaunchpadから起動することが可能となります。

1.3 動かないプログラム

　少しプログラムを書いてみましょう。まず、Croqujs を開いたら、入力する前にツールバーの**保存ボタン**を押して、errorTest.js という名前で適当な場所に保存します。

　それでは、先ほどと同じように 1 行入力します。入力が終わったら、保存して、それから実行します。

念のため、プログラムを実行する前にも必ず保存しましょう。

```
console.log("Hello World!");
```

　コンソール出力に「Hello World!」と表示されましたね？ それでは、次のプログラムはどうでしょうか？ ほとんど同じように見えますが、少し違います。

```
console.log{"Hello World!"};
```

　気がつきましたか？ 普通の括弧 () のはずが、{} になっています。最初のプログラムを置き換えたら、実行してみましょう。このプログラムを実行すると、「**構文エラー**」と表示されます。では、次のプログラムはどうでしょうか？ 1 か所だけ違います。

```
comsole.log("Hello World!");
```

　わかりましたか？「console」の n が m になっていますね。同様に変えてから実行すると、今度は「**参照エラー**」と表示されます。

　このようにプログラムは、文字や記号を正しく入力しないと、エラーが出て動きません。

エラーの種類と表示

主なエラーは、「構文エラー」と「参照エラー」の2つです。

構文エラーは**プログラムの構文（文法）上の誤り**があるときに出ます。先ほどの例のように、括弧の種類を間違えたりした場合です。

日本語の文章でも、句読点が抜けていたり、括弧の対応が取れていなかったりすると、読んでいて「あれっ？ 意味がわからないぞ！」となりますよね？ それと同じです。

一方、参照エラーは、コンピューターが、入力された文字を何かの「名前」だと思ったのに、そんな名前の「もの」は見つからなかった、というときに出ます。ようするに、**名前を打ち間違えた**ということです。

エラーはコンソール出力に日本語で表示されます（図1-8）。数字はエラーが発生したのが何行目の［何桁目］なのかを表し、クリックするとその行にジャンプします。

プログラミングしていると、エラーはたくさん出るものです。そんなときは、**落ち着いて、エラーがあると言われた行のあたりをよく確認**しましょう。

エラーが出てもガーンと思わない！ 間違いを教えてくれたんだから、ありがたいね！

図1-8 Croqujs のエラー表示

Column

全角と半角

プログラムを入力するときは、**漢字変換機能がOFF**になっていることを確認しましょう。例えば、半角スペースの代わりに全角スペースを入力するとエラーになります。

思い通りに「動かない」

プログラムが動かない状況には、エラーが出る場合と出ない場合があります。

まずは、先ほど説明したようなエラーが出て、動作が途中で止まる場合です。ほとんどの場合、入力ミスが原因です。**コンピューターに指示が伝わらなかった**のです。

エラーが出た行と本書のプログラムを1文字ずつ見くらべます。**記号の間違いは見分けづらい**ことがあるので、要注意です。

特に注意が必要なのは、プログラムで使われる英単語のつづりミス、それも文字の似た別の単語を入力してしまったときです。例えば、「form」のはずが間違って「from」と入力してしまうと、どちらも英単語としては正しいので、なかなか気づけません。

次は、エラーは出ないのに、あなたの思った通りに動かない場合です。**コンピューターに指示は伝わったものの内容が間違っていた**のです。これがなかなかくせ者なのです。

「ちょっと何言ってるかわからないカモ！」ってやつだな。

コンピューターからしたら「言われた通りにやったのに！」という気分でしょうね。

QUIZ 実験クイズ

クイズ 1

突然ですが**あなたはロボット**です。部屋一面に広げられた紙の上に、ペンを立てた状態で立っています。今から、次の指示（プログラム）にしたがって動くとします。さて、紙にはどのような図形が描かれるでしょうか？

前に100cm進む。左に144°回る。
前に100cm進む。左に144°回る。
前に100cm進む。左に144°回る。
前に100cm進む。左に144°回る。
前に100cm進む。

解答選択肢▶　❶ 五角形になる　　❷ 四角形になる　　❸ 星形になる

ここでヒントです！「前に進む」と直線が引かれ、「左に回る」と角ができます。スタート地点とゴール地点が同じなら、そこも角となりますので、同じ長さの辺が5個、頂点が5個の図形です。

　さて、わかりましたか？ このプログラムを書いた人は、正五角形を描きたかったようなのです。ところが、実際に描かれるのは、一筆書きで書かれた星形です。

　このプログラムをそのままJavaScriptに直して実行しても、エラーは出ないので、どうして正五角形にならなかったのか、頭の中でプログラムの動きをイメージしながら、間違いを探すことになります。これがやっかいな、**指示自体が間違っていた状況**です。

　ただし、本書のプログラムの多くは、結果が絵で表示されます。間違っても見た目で気づきやすいので、直すのもそれほど難しくないですよ。

ワタシのようなトリ界の**スター**にはチョウ簡単な問題だけどな！

実験クイズ1の答え▶

SECTION 1.4 本章のまとめ

本章では、プログラムとは何かという疑問からスタートして、簡単なプログラムを動かすところまで扱いました。次の章に進む前に、本章の内容をまとめましょう。

まずはイントロという感じでした。何事も、最初がかんじん！

■ プログラムとは、コンピューターへの指示を細かく書いたものです。

■ プログラミングとは、プログラムを書いてコンピューターに言い聞かせることです。

■ プログラミング言語とは、コンピューターに指示をするための言葉です。

■ Croqujs を使うと、プログラムを入力して JavaScript ファイルを作成し、実行することができます。

■ console.log() 関数を使用すると、Croqujs の画面にテキストを表示できます。このことを「コンソール出力する」と言います。

■ エラーが出たときは、打ち間違いがないか、エラーがあると言われた行のあたりをよく確かめます。

■ プログラムが動かない状況には、入力ミスによってコンピューターに指示が伝わらない場合と、指示自体が間違っている場合があります。

サンプル・プログラムのダウンロード

本書では次の第2章から、さまざまなサンプル・プログラムを使っていきます。本書の特設ページで入手できますので、翔泳社のサイト（https://www.shoeisha.co.jp/book/download/9784798168326）上のリンクからアクセスし、あらかじめダウンロードしておいてください。

chapter 02

プログラミングに
触れてみよう

恐る恐るでも大胆にでも、どんどん触ってみることから始めましょう。カメをあやつりイメージを描きます。サンプル・プログラムを少しずつ変えて、画面がどう変わるのかを確かめれば、プログラミングの感覚がつかめます。

画面に絵を描いてみよう

> プログラミングって字を出すだけ？ もう少しカッコウいいことがやりたいな！

> 落ち着いてくださいな。これからプログラミングでお絵描きしますよ。

> そう言って絵を描く前にいろいろ勉強させる気だね？ ツルっとお見通しだよ！

> 「つくって楽しく」ですよ！ それでは、簡単なお絵描きから始めましょう！

　プログラミングは、基礎を学ぶことも大切ですが、プログラミング自体のイメージをつかむことも重要です。そこで、簡単な絵を描いてみましょう。

> イメージをつかむためにイメージを描く……ダジャレか！

描画するプログラムの基本

　Croqujs でサンプル・プログラム turtle.js を開きます。ファイルを開くには、ファイルをダブル・クリックするか、ドラッグして Croqujs の編集画面にドロップします。

　ひとまず、プログラムの全体をながめましょう。ところどころ日本語が書いてありますよね？ グレーの太字になっている部分は、**コメント**と呼ばれ、基本的にプログラムを見る人（あなた）向けの説明です。2 つのスラッシュ // から始まって行の終わりまでがコメントです。

　このプログラムは 3 つの部分からできています。順番に見ていきましょう。

　最初の部分には次のように書かれています。

最初の部分 - `turtle.js`

```
// クロッキー、スタイル・ライブラリを使う
// @need lib/croqujs lib/style
// パス、カメ・ライブラリを使う
// @need lib/path lib/turtle
```

「ライブラリを使う」と書かれ
ていますね？ **ライブラリ**とは、
プログラムでよく使う部品を集め
たもののことです。ここでは、使
うライブラリのファイルを指定し
ています（詳しくは 3.1 節で解説
します）。

　それでは、次に進みましょう。
Croqujs の画面で**薄いオレンジ色
の逆コの字**で表された部分があり
ますよね。最初の行には setup
と書いてあります（図 2-1）。

```
turtle.js                                    — □ ×
☰  ⬇  🗐        ↺  ⧉  🖉        ⬛  ▶
 1   // クロッキー、スタイル・ライブラリを使う
 2   // @need lib/croqujs lib/style
 3   // パス、カメ・ライブラリを使う
 4   // @need lib/path lib/turtle
 5
 6   // 準備する
 7   const setup = function () {
 8       // 紙を作って名前を「p」に
 9       const p = new CROQUJS.Paper(600, 600);
10       p.translate(300, 300);
11       // カメを作って名前を「t」に
12       const t = new TURTLE.Turtle(p);
13   // t.visible(true);  // カメが見えるか
14       p.animate(draw, [p, t]);  // アニメーションする
15   };
16
```

図 2-1　薄いオレンジ色の逆コの字

 setup() 関数 - `turtle.js`

```
// 準備する
const setup = function () {
    // 紙を作って名前を「p」に
    const p = new CROQUJS.Paper(600, 600);
    p.translate(300, 300);
    // カメを作って名前を「t」に
    const t = new TURTLE.Turtle(p);
// t.visible(true);  // カメが見えるか
    p.animate(draw, [p, t]);  // アニメーションする
};
```

なんと「カメ」と書い
てありますが、これ
は何だと思います？

この「薄いオレンジ色の逆コの字」の部分を**関数**と言います。関数とは、コンピューターにしてほしいことをまとめて、その目的がわかるように名前を付けたものです。つまりこれは、「準備する」という目的のための setup という名前の関数なのです。

setup() 関数では、「紙」という「絵を描く場所」を作り、さまざまな設定をしています。本書に登場する多くのプログラムには setup() 関数があり、最初に**呼び出されます**。

それでは、2 つ目の関数に移りましょう。

CODE draw() 関数 - turtle.js

```
// 絵を描く（紙、カメ）
const draw = function (p, t) {
    p.styleClear().color("White").draw();  // 消す
    t.home();  // ホームに帰る

    t.mode("stroke");  // モードを設定
    t.fill();  // ぬりスタイル
    t.stroke();  // 線スタイル
    t.edge(PATH.normalEdge());  // エッジを設定

    t.pd();  // ペンを下ろす

    t.pu();  // ペンを上げる
    t.stepNext(1);  // カメのアニメを進める
};
```

draw() 関数の中には、絵を描くためのプログラムが書かれます。コメントを見ると、さまざまな設定をしているようです。なにやら「ペン」と書いてあります。

先ほど見た setup() 関数の最後に、p.animate(draw, [p, t]); とありましたね？ そこにあった draw とは、この draw() 関数を表しています。draw() 関数はプログラムを実行すると何回も呼び出されます。

さて、この turtle.js を実行すると前章のときと同じく白い画面が表示されるだけです。理由は簡単です。まだ実際に絵を描く部分がプログラムにないからです。

こんなに長いプログラムなのに！ トリあえず、何か絵を出して！

あなたはロボット再び

これからプログラムを書いてみます。前章で**あなたがロボットだったとき**に指示された内容を思い出しましょう。指示は次の通りでした。

前に **100cm** 進む。左に **144°** 回る。
前に **100cm** 進む。左に **144°** 回る。
前に **100cm** 進む。左に **144°** 回る。
前に **100cm** 進む。左に **144°** 回る。
前に **100cm** 進む。

これをプログラムに直します。「前に 100cm 進む」を t.go(100) に、「左に 144°回る」を t.tl(144) に置き換えます。ここでは、それぞれを 1 行ずつ書く代わりに、まとめて t.go(100).tl(144); と書きましょう。

turtle.js の draw() 関数に書くと、次のようなプログラムになります。

CODE **setup() 関数 - turtle_2.js**

```
const draw = function (p, t) {

    t.pd();   // ペンを下ろす

    t.go(100).tl(144);  ──────────── 前に 100 歩進む  左に 144°回る
    t.go(100).tl(144);  ──────────── 前に 100 歩進む  左に 144°回る
    t.go(100).tl(144);  ──────────── 前に 100 歩進む  左に 144°回る
    t.go(100).tl(144);  ──────────── 前に 100 歩進む  左に 144°回る
    t.go(100);          ──────────── 前に 100 歩進む

    t.pu();   // ペンを上げる
```

本書に掲載されたプログラムの**背景が青色の行**は、もともと書いてある行は変えずに、その位置に新しく行を挿入するという意味を表します。プログラム中の**赤色の文字は解説**ですので入力しないように気を付けます。

> 行末のセミコロン (;) は忘れないでくださいね。うっかりしがちですから。

また、行の頭が少しずれていますね。これはインデントと言って、関数などの範囲を表します。Tab キーで入力します。インデントに注意が必要な箇所では、プログラムに**縦にピンク色の点線**が引いてあります。

それでは実際に入力しましょう。入力して実行ボタンを押すと実行画面が開き、そこに絵が表示されるはずです。さて、思った通りの形が描けるでしょうか？

実行結果▶

アニメーション！

これはこれでよいのですが、せっかく「ロボットが動いて……」という話だったのですから、画面でもその様子を見たいですよね？　そこで、次のようにプログラムを変えます。

本書のプログラムで**背景が薄いグレーの行**は、既存の行を書き換えることを表します。また、その中でも一部分だけを変えるときは、修正部分がわかりやすいよう**黄色の蛍光ペン**で強調しています。ここでは、ただ行のはじめの // を削除するだけですね。

CODE setup() 関数 - turtle_3.js

```
const setup = function () {

    const t = new TURTLE.Turtle(p);
    t.visible(true);  // カメが見えるか
    p.animate(draw, [p, t]);  // アニメーションする
};
```

このように、コメントをコメントではなくすることを「**コメントを外す**」と言います。

実行すると、緑色の三角形のアニメーションが表示されます。何度も実行して、プログラムの説明と緑色の三角形の動きが対応していることを確認します。

また、先ほど入力した行の数値（100 や 144）を自分で好きなように変えてみましょう。ひととおり試したら、元に戻します。

10くらいずつ変えてみるのがいいよ。トリだからって飛ばしすぎないことだな！

Column

サンプル・プログラムを作りかえる

. . . .

本書では、プログラムをまっさらな状態から書くことはほとんどありません。サンプル・プログラムを編集して、少しずつ自分のプログラムに作りかえていきます。

そう聞くと、ずいぶん初心者向けだと感じるかもしれませんが、そんなことはありません！ これはプロフェッショナルなプログラミングでも同じです。

どのプログラムにも「お決まり」とされている部分があります。それを毎回入力するのは面倒なので、そういったものが書かれたひな形から始める方が、効率的なのです。

カメでお絵描き

先ほどのプログラムを実行したときに、画面の中を動きまわった緑色の三角形は、一体何だったのでしょうか？ 実は**カメ**だったのです！

ペンを持ったロボットのようなものをプログラムで操縦することによって絵を描くしくみのことを、一般的に**タートル・グラフィックス**と言います。ここではそのロボットのことをタートル、つまりカメと呼んでいるわけです。

タートル・グラフィックスなら、直感的にわかりやすく、お絵描きを楽しめますよ！

三角形がカメだったなんて！ カナリヤばいねえ！

カメに動きを指示する

先ほどのプログラムの、次の部分をもう一度見ましょう。この部分が、主に今回のプログラムで、星の形にカメを動かしている部分です。

 draw()関数 - turtle_3.js

```
const draw = function (p, t) {

    t.pd();   // ペンを下ろす ─────────── ①

    t.go(100).tl(144); ───────────── ② 前に 100 歩進んで、左に 144° 回る
    t.go(100).tl(144); ───────────── ③ 前に 100 歩進んで、左に 144° 回る
    t.go(100).tl(144); ───────────── ④ 前に 100 歩進んで、左に 144° 回る
    t.go(100).tl(144); ───────────── ⑤ 前に 100 歩進んで、左に 144° 回る
    t.go(100); ───────────────── ⑥ 前に 100 歩進む

    t.pu();   // ペンを上げる ─────────── ⑦
```

順番に説明していきます。まず、t.pd() でペンを下ろします①。ペンを下ろしてカメを動かすと、動かした通りに線を引けるのです。pd は「ペン・ダウン」の略です。t はカメを表します。日本語で言うと「カメさん、ペンを下ろしてね！」という感じです。

そして、t.go(100) で前に 100 歩進みます②。go は「進む」という意味です。普通は 100 ピクセル進みます。続く t.tl(144) で左に 144°回ります。tl は「ターン・レフト（左に回る）」の略です（図 2-2）。

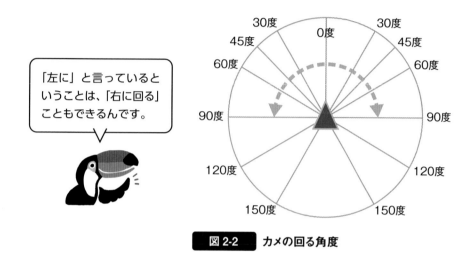

図 2-2 カメの回る角度

t.go(100).tl(144); は全部で 4 回繰り返されます。カメへの指示は、このように「.」でつなぐことによって、まとめて書くことができます。日本語で言うと「カメさん、前に 100 歩進んで、左に 144°回ってね！」という感じです。

そして、最後にもう一度前に進んだ後⑥、t.pu() で下ろしていたペンを上げます⑦。これで図形を描き終えたことを表します。pd の反対なので「ペン・アップ」の略ですね。

なお、t.pd() や t.go(100) などは、カメの関数の呼び出しを表します。

カメにほかの指示をする

カメを動かす関数は、さまざまなものがあります。まずは、すでに使った t.go() や t.tl() などの基本的な移動のための関数から見ていきましょう（図 2-3）。

- t.go(歩数) .... 前に進む
- t.bk(歩数) .... 後ろに戻る
- t.tl(角度) .... 左に回る
- t.tr(角度) .... 右に回る
- t.home() .... ホームに帰る

カメの動きは、t.stepNext(1) の () の中の数値を増やすことによって、速くできます。また、t.visible(true) の true を false に変えると、カメの表示を OFF にできます。

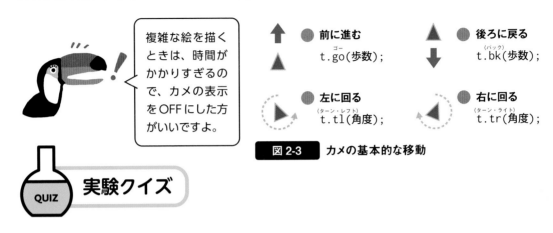

図 2-3　カメの基本的な移動

実験クイズ

QUIZ

クイズ **1**

「実験クイズ」はプログラムの実験です！ 正解を確かめる前に、**結果を予想して選択肢の中から答えを選びましょう**。実験を試すとプログラムが変更されることになりますが、特に指示がない場合は、**元に戻さないで次に進みましょう**。

それでは問題です。turtle.js の draw() 関数を次のように変えると、どのような絵になるでしょうか？ 選択肢から答えを選んだら、プログラムを実際に変えて実行です！

draw() 関数 - turtle_4.js

```javascript
const draw = function (p, t) {

    t.pd();   // ペンを下ろす

    t.go(100).tl(72);
    t.go(100).tl(72);
    t.go(100).tl(72);
    t.go(100).tl(72);
    t.go(100);

    t.pu();   // ペンを上げる
```

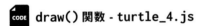 —— tl(…) の数値を変える

解答選択肢▶ ❶ 星形になる　　❷ 五角形になる　　❸ 円形になる

※答えはクイズ3の終わりにあります。

クイズ 2

　何も変更しなければ、1歩の長さ（歩幅）は1ピクセル（画面の点）なので、100歩は100ピクセルと対応します。t.step()関数を使うと、カメの歩幅を変えることができます。

　それでは、draw()関数に次の行を追加すると、どうなるでしょうか？ 選択肢から答えを選んだら、プログラムを実際に変えて実行です！

CODE draw()関数 - turtle_5.js

```
const draw = function (p, t) {

    t.edge(PATH.normalEdge());   // エッジを設定
    t.step(2);  ←──────── この行を追加する

    t.pd();   // ペンを下ろす
```

解答選択肢▶ ❶ 図形の大きさが　　❷ 図形の大きさは　　❸ 図形の大きさが
　　　　　　　　半分になる　　　　変わらない　　　　2倍になる

※答えはクイズ3の終わりにあります。

カメはカーブしながら進むこともできます。引数で指定した折れ線の内側にそって、なめらかなカーブになります（図2-4、2-5）。

● t.cl(歩数1，角度，歩数2) ………………………………左にカーブする
● t.cl(歩数1，角度1，歩数2，角度2，歩数3) …………左にカーブする

● **左にカーブする**　　　t.cl(歩数1，角度1，歩数2，角度2，歩数3);
〈カーブ・レフト〉

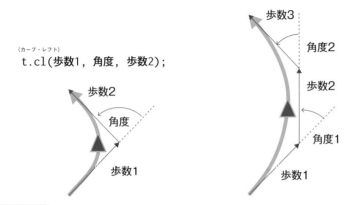

| **図 2-4** | **カメを左にカーブさせる関数** |

● t.cr(歩数1，角度，歩数2) ………………………………右にカーブする
● t.cr(歩数1，角度1，歩数2，角度2，歩数3) …………右にカーブする

● **右にカーブする**　　　t.cr(歩数1，角度1，歩数2，角度2，歩数3);
〈カーブ・ライト〉

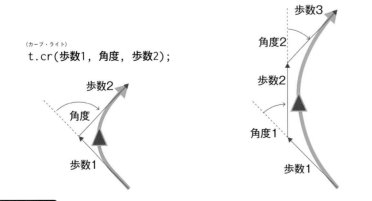

| **図 2-5** | **カメを右にカーブさせる関数** |

クイズ 3

draw() 関数を次のように変えます。今までのプログラムの go(100) がすべて cl(90, 72, 90) で置き換えられています。

どのような絵が描かれるでしょうか？ 選択肢から答えを選んだら、プログラムを実際に変えて実行です！

CODE draw() 関数 - turtle_6.js

```
const draw = function (p, t) {
    t.pd();   // ペンを下ろす

    t.cl(90, 72, 90).tl(72);
    t.cl(90, 72, 90).tl(72);
    t.cl(90, 72, 90).tl(72);  ── go(…) を cl(…) に変える
    t.cl(90, 72, 90).tl(72);
    t.cl(90, 72, 90);

    t.pu();   // ペンを上げる
    t.stepNext(1);   // カメのアニメを進める
};
```

解答選択肢▶ ❶ やせた星形になる ❷ 太った星形になる ❸ 円形になる

027

 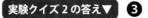 

　カメを動かさずに、カメを中心とした円を描くこともできます。ひととおりカメの動かし方がわかったので、これでいろいろな形が描けますね。

- t.circle(半径, 角度)
- t.circle([横半径, 縦半径], [開始角度, 終了角度])

SECTION 2.3 スタイルいろいろ

「スタイル」を設定すると、カメの動きは同じでも、さまざまな見た目にすることができます。まずは色の表現方法から説明します。

いつまでも黒い線じゃつまらないからな！

色の表現方法

コンピューターは、色を**光の三原色**に基づいて表現します。赤色、緑色、青色の 3 色を組み合わせて色を作り出すのです。Red、Green、Blue の頭文字をとって **RGB** と言います。

RGB のそれぞれの光の強さは 0 ～ 255 の範囲で表します。黒は (0，0，0)、白は (255，255，255) です。ちなみに、オレンジ色は (255，127，0) です（図 2-6）。

全部で作れる色は、256 × 256 × 256 ＝ 16,777,216 色！

赤色 R
緑色 G 青色 B

G 255 ＋ B 255 → 水色　　R 255 ＋ B 255 → 紫色

R 255 ＋ G 255 → 黄色　　R 255 ＋ G 127 → オレンジ色

図 2-6 **RGB の組み合わせで色を作る**

そのほかの色の表現として、色の名前を直接書くという方法もあります。その場合は、一覧の中から選んで、その色の名前（英語）を入力することになります。

次のページに、色の一覧をまとめておきます（図 2-7）。

ちなみに、第 6 章のテーマは「色」です。お楽しみに！

White 255, 255, 255	GhostWhite 248, 248, 255	Ivory 255, 255, 240	GreenYellow 173, 255, 47	MediumSpringGreen 0, 250, 154	Olive 128, 128, 0
Snow 255, 250, 250	WhiteSmoke 245, 245, 245	AntiqueWhite 250, 235, 215	Chartreuse 127, 255, 0	SeaGreen 46, 139, 87	DarkOliveGreen 85, 107, 47
Honeydew 240, 255, 240	Seashell 255, 245, 238	Linen 250, 240, 230	LawnGreen 124, 252, 0	MediumSeaGreen 60, 179, 113	MediumAquamarine 102, 205, 170
MintCream 245, 255, 250	Beige 245, 245, 220	LavenderBlush 255, 240, 245	Lime 0, 255, 0	ForestGreen 34, 139, 34	DarkSeaGreen 143, 188, 143
Azure 240, 255, 255	OldLace 253, 245, 230	MistyRose 255, 228, 225	LimeGreen 50, 205, 50	Green 0, 128, 0	LightSeaGreen 32, 178, 170
AliceBlue 240, 248, 255	FloralWhite 255, 250, 240		PaleGreen 152, 251, 152	DarkGreen 0, 100, 0	DarkCyan 0, 139, 139
IndianRed 205, 92, 92	DarkSalmon 233, 150, 122	Red 255, 0, 0	LightGreen 144, 238, 144	YellowGreen 154, 205, 50	Teal 0, 128, 128
LightCoral 240, 128, 128	LightSalmon 255, 160, 122	FireBrick 178, 34, 34	SpringGreen 0, 255, 127	OliveDrab 107, 142, 35	
Salmon 250, 128, 114	Crimson 220, 20, 60	DarkRed 139, 0, 0	Aqua / Cyan 0, 255, 255	SteelBlue 70, 130, 180	CornflowerBlue 100, 149, 237
Orange 255, 165, 0	DarkOrange 255, 140, 0	OrangeRed 255, 69, 0	LightCyan 224, 255, 255	LightSteelBlue 176, 196, 222	RoyalBlue 65, 105, 225
Tomato 255, 99, 71	Coral 255, 127, 80		Aquamarine 127, 255, 212	PowderBlue 176, 224, 230	Blue 0, 0, 255
CornSilk 255, 248, 220	Tan 210, 180, 140	Chocolate 210, 105, 30	Turquoise 64, 224, 208	LightBlue 173, 216, 230	MediumBlue 0, 0, 205
BlanchedAlmond 255, 235, 205	RosyBrown 188, 143, 143	SaddleBrown 139, 69, 19	PaleTurquoise 175, 238, 238	SkyBlue 135, 206, 235	DarkBlue 0, 0, 139
Bisque 255, 228, 196	SandyBrown 244, 164, 96	Sienna 160, 82, 45	MediumTurquoise 72, 209, 204	LightSkyBlue 135, 206, 250	Navy 0, 0, 128
NavajoWhite 255, 222, 173	Goldenrod 218, 165, 32	Brown 165, 42, 42	DarkTurquoise 0, 206, 209	DeepSkyBlue 0, 191, 255	MidnightBlue 25, 25, 112
Wheat 245, 222, 179	DarkGoldenrod 184, 134, 11	Maroon 128, 0, 0	CadetBlue 95, 158, 160	DodgerBlue 30, 144, 255	
BurlyWood 222, 184, 135	Peru 205, 133, 63		Lavender 230, 230, 250	MediumOrchid 186, 85, 211	Purple 128, 0, 128
Moccasin 255, 228, 181	DarkKhaki 189, 183, 107	LemonChiffon 255, 250, 205	Thistle 216, 191, 216	MediumPurple 147, 112, 219	RebeccaPurple 102, 51, 153
PeachPuff 255, 218, 185	Gold 255, 215, 0	LightGoldenrodYellow 250, 250, 210	Plum 221, 160, 221	BlueViolet 138, 43, 226	Indigo 75, 0, 130
PaleGoldenrod 238, 232, 170	Yellow 255, 255, 0	PapayaWhip 255, 239, 213	Violet 238, 130, 238	DarkViolet 148, 0, 211	MediumSlateBlue 123, 104, 238
Khaki 240, 230, 140	LightYellow 255, 255, 224		Orchid 218, 112, 214	DarkOrchid 153, 50, 204	SlateBlue 106, 90, 205
Gainsboro 220, 220, 220	Gray 128, 128, 128	DarkSlateGray 47, 79, 79	Fuchsia / Magenta 255, 0, 255	DarkMagenta 139, 0, 139	DarkSlateBlue 72, 61, 139
LightGray 211, 211, 211	DimGray 105, 105, 105	Black 0, 0, 0	Pink 255, 192, 203	LightPink 255, 182, 193	HotPink 255, 105, 180
Silver 192, 192, 192	LightSlateGray 119, 136, 153		DeepPink 255, 20, 147	MediumVioletRed 199, 21, 133	PaleVioletRed 219, 112, 147
DarkGray 169, 169, 169	SlateGray 112, 128, 144				

図 2-7 色（上段が色名、下段が RGB の各値）

線スタイルを設定する

カメの線の色を変えるときは、t.stroke().rgb() か t.stroke().color() を使います。
RGB で色を指定する場合は次のようにします。

 draw() 関数 - turtle_7.js

```
const draw = function (p, t) {
```
～～～～～～～～～～～～～～～～～～～～～～～～～～
```
    t.mode("stroke");  // モードを設定
    t.fill();  // ぬりスタイル
    t.stroke().rgb(169, 104, 0);  // 線スタイル ←──── RGB で色を指定する
    t.edge(PATH.normalEdge());  // エッジを設定
```
～～～～～～～～～～～～～～～～～～～～～～～～～～

実行結果▶

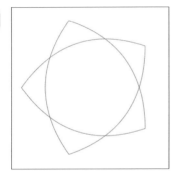

RGB の 3 つの数値を 0 ～ 255 の範囲で変えると、ど
のように色が変わるでしょうか？

色の名前によって色を指定する場合は次のようにしま
す。使える色名は、図 2-7 にあるものだけです。

数値を変えるとき
は、トリあえず 10
くらいがイイ！

```
    t.stroke().color("Green");  // 線スタイル
```

今度は線の太さを変えてみましょう。それには、t.stroke().width() を使います。太さをピ
クセル数で指定します。プログラムの**緑色で書かれた部分**は人によって違うことを表します。

draw()関数 - turtle_8.js

```
const draw = function (p, t) {

    t.mode("stroke");  // モードを設定
    t.fill();  // ぬりスタイル
    t.stroke().color("Green").width(4);  // 線スタイル ◀──── 線の太さを指定する
    t.edge(PATH.normalEdge());  // エッジを設定
```

実行結果▶

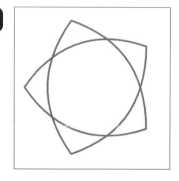

　t.stroke()の後には、このように、「.」でつなぐことによっ
て、いろいろな設定を1行でまとめてできます。
　さらに、「実線」以外にすることもできます。次のように変えま
す。普通の括弧()の中に角括弧[]があるので要注意です。

ここも自分でガンガン
変えてみるといい！

 draw()関数 - turtle_9.js

```
const draw = function (p, t) {

    t.mode("stroke");  // モードを設定
    t.fill();  // ぬりスタイル
    t.stroke().color("Green").width(4).dash([3, 4]);  // 線スタイル
    t.edge(PATH.normalEdge());  // エッジを設定
```
　　　　　　　　　　　　　　　　　　　　　　線の種類を指定する

実行結果▶

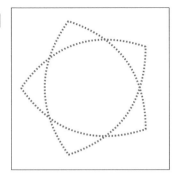

変えるときは、
5くらいずつが、
いいですよ。

実行して結果を確かめます。どう変わったでしょうか？ 数字を変えると、どのように線が変わるでしょうか？

ぬりスタイルを設定する

線スタイルを十分に試したら、図形の中の色を変えてみましょう。その前に1か所、直す必要があります。次のように変えます。

CODE draw()関数 - turtle_10.js

```
const draw = function (p, t) {
    t.mode("fillStroke");  // モードを設定
    t.fill();  // ぬりスタイル
```

これはカメの**描画モード**を設定するものです。今までは stroke（線）としか指定していなかったので、線しか描画されていませんでした。これから図形の中身に色を付けるので、fill（ぬり）を追加したのです。

ぬりの色を変えるには、t.fill().rgb() や t.fill().color() を使います。今までの線スタイルとやり方は同じですので、例は省略します。

色を指定するとき、ついでに**不透明度（アルファ値）**を指定することもできます。次のように変えます。0.5がポイントです。

後でやっトキますなんて言わないで、今すぐガンガン変えてみよう！

draw()関数 - turtle_11.js

```
const draw = function (p, t) {
```

```
    t.mode("fillStroke");   // モードを設定
    t.fill().color("Red", 0.5);   // ぬりスタイル ────色名と不透明度を指定する
```

実行結果▶

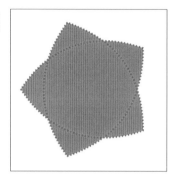

　このような不透明度の指定は、t.fill().rgb()
でもできます。4つ目の引数として、0（完全に透明）
～1（完全に不透明）の数値を渡せばよいのです。
　ぬりスタイルでできることはまだあります。グラ
デーションです。次のように変えます。

線スタイルでも不
透明度を指定でき
ます。お試しあれ！

 draw()関数 - turtle_12.js

```
const draw = function (p, t) {
```

```
                                        ──── グラデーションを指定する
    t.mode("fillStroke");   // モードを設定
    t.fill().grad("vertical").addColor("Red").addColor("Orange");
```

実行結果▶

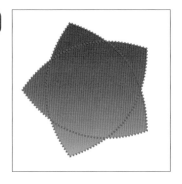

　ぬりをグラデーションにするには、まず、t.fill().grad() で種類を設定します（表2-1）。ぬる形によっては、違いがわからないものもあるかもしれませんが、自分で変えて確かめましょう。

表 2-1　グラデーションの種類

`"vertical"`		図形の範囲内で縦方向の線形グラデーション
`"horizontal"`		図形の範囲内で横方向の線形グラデーション
`"vector"`		ペンを下ろしたところから最遠点までの線形グラデーション
`"inner"`		図形の内側に収まるような（楕）円形グラデーション
`"outer"`		図形の外側まで含めた（楕）円形グラデーション
`"diameter"`		ペンを下ろしたところから最遠点までを直径とした円形グラデーション
`"radius"`		ペンを下ろしたところを中心に、ペンを下ろしたところから最遠点までを半径とした円形グラデーション

　グラデーションに色を指定するには、続けて .addRgb()、.addColor() を使います。それぞれ、RGB を指定して色を加える、色名を指定して色を加えるという意味です。

　ものは試し、ということで、グラデーションにたくさんの色を追加しましょう！ 紙面では改行されているように見えますが、1行で入力します。

CODE draw()関数 - turtle_13.js

```
const draw = function (p, t) {

    t.mode("fillStroke");  // モードを設定
    t.fill().grad("radius").addColor("Red").addColor("Orange").
addColor("Yellow").addColor("Green").addColor("Blue").addColor("Indigo").
addColor("Purple");  // ぬりスタイル
```

実行結果▶

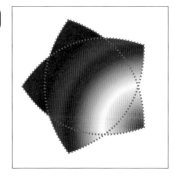

次のように書くこともできます。

```
const draw = function (p, t) {

    t.mode("fillStroke");  // モードを設定
    t.fill().grad("radius")
        .addColor("Red")
        .addColor("Orange")
        .addColor("Yellow")
        .addColor("Green")
        .addColor("Blue")
        .addColor("Indigo")
        .addColor("Purple");  // ぬりスタイル
```

長すぎて難しいカモしれないけどガンばれ!

エッジを設定する

　線スタイルでは、線の色や太さを変えることができましたが、線の形そのものを変えることも簡単にできます。次のように変えます。

 draw()関数 - turtle_14.js

```
const draw = function (p, t) {

    t.mode("fillStroke");  // モードを設定
    t.fill().grad("vertical").addColor("Red").addColor("Orange").
addColor("Yellow").addColor("Green").addColor("Blue").addColor("Indigo").
addColor("Purple");  // ぬりスタイル
    t.stroke().color("Green").width(4).dash([3, 4]);  // 線スタイル
    t.edge(PATH.triangleEdge(20, 20));  // エッジを設定
```

実行結果▶

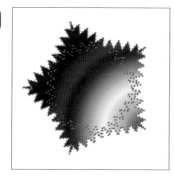

　一度実行してみてから、2つの数値を、それぞれ5くらいずつ変えてみましょう。

　エッジの2つの引数は、波長（ひと山の長さ）と振幅（ひと山の高さ）を表します（図2-8）。また、エッジには種類があります（表2-2）。自分で変えて、どのように変わるのかを調べましょう。

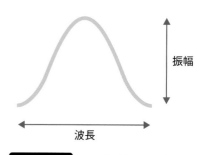

図 2-8　エッジの波長と振幅

表 2-2 エッジの種類

PATH.normalEdge()	———————————	直線のエッジ
PATH.triangleEdge(10, 10)	∧∨∧∨∧	三角形（三角波）のエッジ
PATH.sineEdge(10, 10)	∿∿∿	波形（サイン波）のエッジ
PATH.absSineEdge(10, 10)	⌒⌒⌒	サイン絶対値のエッジ
PATH.squareEdge(10, 10)	⊓⊔⊓⊔	四角形（矩形波）のエッジ
PATH.sawtoothEdge(10, 10)	⟋⟋⟋	ノコギリの歯（ノコギリ波）のエッジ

SECTION 2.4 本章のまとめ

本章では、描画するプログラムの基本を学び、タートル・グラフィックスとスタイルの使い方をひととおり試しました。次に進む前に、本章の内容をまとめておきましょう。

> この先、t.fill() や t.stroke() と書かれた部分があったら、自分で変えてみましょうね！

■ コメントとは、人間が後で見てわかるように書かれたメモや注釈のことです。

■ 関数とは、コンピューターにしてほしいことを、部分ごとにまとめたものです。

■ タートル・グラフィックスとは、ペンを持って画面を動きまわるカメを操縦して絵を描く方法のことです。

■ カメ t が動きまわる様子を見るには、t.visible(true) とします。見ないときは t.visible(false) とします。

■ カメが動きまわる速さを変えるには、t.stepNext() 関数の引数を変えます。

■ カメのペンを下げるには t.pd() 関数、ペンを上げるには t.pu() 関数を使います。ペンを下げているときにカメが移動すると、通り道にそって線が描かれます。

■ カメを前に進めるには t.go() 関数を使います。カメの向きを左に回転させるには t.tl() 関数、右に回転させるには t.tr() 関数を使います。

■ 色を指定する方法には、RGB と色名があります。

■ 線の色を変えるには、t.stroke().rgb()、t.stroke().color() 関数を使います。

■ 線の太さを変えるには、t.stroke().width() 関数を使います。

■ 線を点線にするには、t.stroke().dash() 関数を使います。

■ ぬりの色を変えるには、t.fill().rgb()、t.fill().color() 関数を使います。

■ ぬりをグラデーションにするには、t.fill().grad() 関数で種類を指定して、続けて .addRgb()、.addColor() 関数を使って色を加えていきます。

■ エッジを設定するには、t.edge() 関数を使います。

chapter 03

JavaScriptの
基本を知ろう

手の届くところから始めるのもよいですが、全体を見渡してから
歩き出すのも、面白いかもしれません。JavaScriptの基本を
総ざらいしましょう。キーワードだけでも覚えておくと後できっと役
立ちます。

3.1 プログラムの観察

もうプログラミングは極めたね！ どんどん前にスズメ！

基礎はまだでも雰囲気はつかめましたよね？ この章を飛ばすのもありですよ。

おい！ なかなか言うね！ びっくりしてトリ乱しそうになった。

飛ばした方もときどきこの章に戻ってくださいね。順番に進めたい方はぜひ！

前章で使ったサンプル・プログラムを細かく**観察**していきましょう。あえて「観察」といっ言葉を使いました。何事もじっくりとながめるのは重要です。

📄 **turtle.js**

```javascript
// クロッキー、スタイル・ライブラリを使う
// @need lib/croqujs lib/style
// パス、カメ・ライブラリを使う
// @need lib/path lib/turtle

// 準備する
const setup = function () {
    // 紙を作って名前を「p」に
    const p = new CROQUJS.Paper(600, 600);
    p.translate(300, 300);
    // カメを作って名前を「t」に
    const t = new TURTLE.Turtle(p);
```

```
        t.visible(true);   // カメが見えるか
        p.animate(draw, [p, t]);   // アニメーションする
    };


    // 絵を描く（紙、カメ）
    const draw = function (p, t) {

    };
```

セミコロン（;）はよく忘れてしまうので、気を付けましょう。

まず、各行の末尾を見ると、ほぼ必ず**セミコロン**（;）が付けられています。セミコロンは、プログラムにおける区切りを表します。

2種類の括弧が使い分けられていて、きちんと対になって（始めと終わりが対応して）いますね。普通の括弧 () は同じ行の中で対応するように使われています。いわゆる中括弧 {} はもっと広い範囲を囲っているようです。

インデントも忘れたり、ずれたりしやすいから、注意！

さらに見た目で気づきやすい点は、行の最初（左端）に**タブ**が入って、ある範囲がまとめてずらされていることです。これを**インデント**と言います。

コメント

プログラムを見ると、ほとんどはアルファベット、数字、記号ですが、ところどころ日本語が書かれていますね。**グレーの太字の部分**です。Croqujsの画面でも同じですね。これは**コメント**と呼ばれるものです。例えば、次のようなものです。

```
// 準備する
```

コメントとは、プログラムを書いたり読んだりする人間のために書かれた、プログラムをわかりやすくするためのメモや注釈のようなものです。**コンピューターはコメントを無視するので、**何が書いてあっても、プログラムの動作には関係ありません。

コメントには 2 種類あります。1 つは、スラッシュが 2 つ、// で始まるものです。行末までがコメントになります。もう 1 つは、/* で始まり、*/ で終わるものです。こちらは、複数の行をまとめてコメントにできます。

```
/*
これはコメント
これもコメント
*/
```

Column

コメントに何を書く?

本書では、プログラムを読みなれていない方のために、コメントを使ってプログラムの各行が何を表しているのかを細かく説明しています。
しかし、これはコメントの本当の使い方ではありません。本当は、プログラムを読むだけでは意図がわかりにくいことをコメントとして書きます。

コメントは、コンピューターがその部分を無視することを利用して、プログラムの一部分を無効に（そしてまたすぐに有効に戻せるように）するためにも使います。

前章でカメの動きを見えるようにするとき、最初はコメントだった t.visible(true) を、**コメントを外す**ことで有効にしましたね。これは、プログラムであっても // を付けることによって、**その行を無視させられる**ということを応用したものです。

ちなみに、プログラムの最初の // @は Croqujs 独自の書き方なので、人間のために書かれたコメントではありません。これについては後ほど説明します。

> 自分で書いたプログラムを何行か消したくなっても、消さずにコメントにしておきましょう。

関数

コンピューターにしてほしいことを、部分ごとにまとめたものを**関数**と言います。関数には、その目的がわかるように名前が付けられています。

関数を使うことを、**関数を呼び出す**と言います。次のような例です。

```
console.log(64);
```

関数には、（ ）の間に数値などを書くことによって、データを**引数**として渡すことができます。渡された引数は関数の中で使われます。上の例では 64 という数値が引数です。

実際に Croqujs に入力して実行してみましょう。新しく Croqujs を開いたら、保存ボタンを押し、`test.js` という名前を付けていったん保存します。それから、先ほどの 1 行だけのプログラムを入力して、実行します。`console.log()` 関数を使うと、次のように、コンソール出力に引数として渡した値を表示できます。

実行結果▶

```
64
```

では、プログラムを次のようにすると、どうなるでしょうか？

```
console.log(8 * 8);
```

実行結果▶

```
64
```

また 64 が表示されました。8 × 8 の答えですね。プログラミングでは、掛け算の記号として *（アスタリスク）を使います。

このように、引数を渡して関数を呼び出すことができました。

それでは、関数を作ってみましょう。先ほどの 1 行は消して、次のように入力します。

ほかにどんな計算ができるんだ？

```
const sq = function (x) { •————————引数を 2 乗する関数の定義
    return x * x;
};
```

ここでは**関数を定義**しています。つまり自分で新しい関数を作っています。Croqujs では関数定義が**薄いオレンジ色の逆コの字**で表示されます（図3-1）。sq() 関数は、x を引数として受け取り、その値を 2 乗し、計算結果を return 文で返します。

```
const 関数名 = function (引数) {
        関数の中身
};
```

図 3-1 関数の定義

実行しましょう。何か起こったでしょうか？ 何も起こらないはずです。理由はわかりますか？ 作った関数を呼び出していないからです。呼び出す行を付け足しましょう。

```
const sq = function (x) {
    return x * x;
};
sq(8);
```

これで sq() 関数は引数を 8 として呼び出されます。ところが、実行しても何かが起きたようには見えませんよね？ 関数が呼び出された結果を表示してみましょう。次のように変えます。

```
const sq = function (x) {
    return x * x;
};
console.log(sq(8));
```

閉じ括弧を入力し忘れないように注意します。sq() 関数を呼び出し、その結果をすぐに console.log() 関数に渡しています。実行すると、sq() 関数の中で x は 8 を表すことになるので、8 の 2 乗が計算され、64 が表示されたはずです。

この関数を少し変えて、関数の中で結果の表示もしてくれるようにしてみましょう。

```
const sq = function (x) {
    console.log(x * x);  ←────────── x の 2 乗を計算してそれをコンソール出力
};
sq(8);  ←────────── sq() を呼び出すだけで……
```

このように、**関数の中から関数を呼び出す**こともできます。

ライブラリ

いくつかの関数をまとめたプログラムを、ライブラリと言います。ライブラリを作ると、ほかのプログラムで一度作った関数を使いまわすことができます。

本書のプログラムでは、著者が開発したライブラリが使われています。タートル・グラフィックスはそれで実現しています。

各サンプルの lib フォルダーにライブラリが入っています。中身を観察してみてください。

Column

果てなく続く呼び出し

関数の呼び出しは、自分で書いたプログラムの中だけで起こるわけではありません。例えば、例で使ったconsole.log()関数は、呼び出されると、その内部で、さらにウェブ・ブラウザーの表示機能（≒関数）を呼び出します。

ウェブ・ブラウザーは、画面に文字を表示するために、WindowsやmacOSといったOSの機能（≒関数）を呼び出していますし、OSは画面に1文字ずつ文字の形を描くために、さまざまなライブラリや別の機能を呼び出しています。

このように、ある関数からある関数への呼び出しはさまざまなレベルで続いていきます。

クロッキー独自の書き方

本書で説明するプログラミングは JavaScript を使った標準的なものですが、部分的に、アプリ Croqujs でのプログラミングに独自なところがあります。

Croqujs には、プログラミングで用いるライブラリの読み込み機能が組み込まれています。すでに turtle.js のはじめの部分で使っています。

 turtle.js

```
// クロッキー、スタイル・ライブラリを使う
// @need lib/croqujs lib/style
// パス、カメ・ライブラリを使う
// @need lib/path lib/turtle
```

スラッシュ2つから始まる行は、コメントなのでプログラムとしては無視されますが、@で始まるコメントは、Croqujsが読み取って独自の処理を行ってくれます。

　ここでは「@need」と書いてありますね。@needの後にライブラリのファイル名（パス＋ファイル名）を書くと、そのライブラリを、プログラムの実行直前に読み込んで使えるようにしてくれます。

おまじないのようなものとして覚えておいてくださいね。

Croqujsのしくみ

Croqujsは実行ボタンが押されたときに何をしているのでしょうか？ Croqujsの実行画面は、ボタンもメニューもありませんが、実はウェブ・ブラウザーの一種です。

Croqujsはこのブラウザー用の空のウェブ・ページを作り、そこにあなたが書いたJavaScriptのプログラムを埋め込みます。このとき、コメントに@needが書かれていると、スクリプト・タグ（<script></script>）も埋め込みます。

つまりCroqujsは、実行ボタンが押されるたびに、ウェブ・ページを作ってブラウザーで表示しているのです。

データを扱う

　プログラムで扱えるデータにはいくつかの種類があり、それをデータ型と言います。データ型には数値型、文字列型、真偽値型（しんぎち）などがあります。

数値型

　いわゆる数のことを**数値型**データと言います。整数も小数も使えます。次のように、数字をそのまま書けば、数値が作られます。これもプログラムです。

```
142857;
```

　数値は計算ができます。例えば、3をかけてみましょう。

```
142857 * 3;
```

　計算できました！　しかし、表示しないと計算の結果がわかりません。いつものように、コンソール出力しましょう。

```
console.log(142857 * 3);
```

実行結果▶

```
428571
```

電卓の代わりになりそうだな！

　掛け算の＊（アスタリスク）以外にも、計算のための記号がいくつもあります。例えば、足し算や引き算の＋や－、割り算の／などは数学と同じです。変わったところでは割り算の余りを求める％やべき乗（例：2^8）を求める ＊＊ という記号もあります。

　プログラムでは、こういった計算のための記号を、**演算子**と言います。

　さらに、JavaScriptの標準の関数を使うと、さまざまな計算ができます。例えば、Math.sqrt()関数を使うと、ルート（平方根）の計算もできます。

```
console.log(Math.sqrt(2));
```

実行結果▶

```
1.4142135623730951
```

文字列型

　文字の列のことを**文字列型**データと言います。1文字かもしれませんし、1文かもしれませんし、何か物語のすべてかもしれません。

　文字列をプログラム上で書くには、シングル・クォーテーションかダブル・クォーテーションで文字列をくくります。

本書ではダブル・クォーテーションに統一していますからね。

```
"Hello!";
```

　これを実行すると、「Hello!」という内容の文字列が作られます。これだけでも立派なプログラムですが、文字列を作っただけでは何も起きないので、表示してみます。

```
console.log("Hello!");
```

実行結果▶

```
Hello!
```

　次のように＋演算子で複数の文字列を足し算すると、文字列を連結できます。

文字も計算できるのか！ カッコウいいな！

```
console.log("Hello!" + " World!");
```

実行結果▶

```
Hello! World!
```

　次のように文字列に数値を足し算しようとすると、その数値がそのまま文字列に変換され、文字列同士の連結となります。

```
console.log("No." + 1);  ————————  文字列「No.」に数値 1 を足し算できる？
```

実行結果 ▶
```
No.1
```

真偽値型

JavaScript の世界では、「はい」や「Yes」、「ON」の意味で true と書きます。一方、「いいえ」や「No」、「OFF」の意味で false と書きます。この true と false を**真偽値**と言います。

真偽値は、次に説明する条件式で、重要な役割を果たします。

条件式

ある値が等しい（===）かどうか、より小さい（<）か、より大きい（>）かなどの条件を、式を使って調べることができます。調べた結果は真偽値 true か false になります。

```
console.log(2 * 2 === 4);  ————————  2 × 2 は 4 と等しい？
console.log(9 / 2 < 4);  ————————  9/2 は 4 より小さい？
```

実行結果 ▶
```
true   ————————  2 × 2 は 4 と等しい！
false  ————————  9/2 は 4 より小さくない！
```

JavaScript では数学と違い、（完全に）等しいことを表すのに 3 つのイコール === を使うのがポイントです。

さらに、複数の式を組み合わせて調べることもできます。&& は 2 つ以上の条件のすべてに当てはまったことを表す演算子です。

大切なことだから 3 回「 = 」を使うんだ、と覚えるといいカモな！

```
console.log(496 % 31 === 0 && 0 < 496);  ←「496 が 31 で割り切れる」かつ「0 より大きい」？
```

実行結果 ▶
```
true   ————————  496 は 31 で割り切れるし、0 より大きい！
```

一方、|| は 2 つ以上の条件のどれか 1 つに当てはまったことを表す演算子です。

```
console.log(42 < 1000 || 10000 < 42);  ──────「42 が 1000 未満」または
                                              「42 が 10000 より大きい」？
```

実行結果▶　true ───────── 42 は 1000 未満！

データに名前を付ける

プログラムで使用する数値や文字列などの**データに付けられた名前**のことを**定数**や**変数**と言います。データに「名札」が付けられているというイメージです。ここで名前として使える文字は、アルファベットと数字、アンダースコア（_）です。

変数の役割は、データを直接ではなく名前を通して扱うことで、プログラムのあちこちに同じデータを書かなくても済むようにしたり、後からデータを変更できるようにしたりすることです。

定数

一度データと名札が結びつくと変更できないのが定数です。定数を作るには、const の後に名前を書いて、続けて代入演算子（=）とデータを書きます（図 3-2）。

```
const n = 142857;
```

名札はもう外れそうにありませんね。そこがポイントです。

```
const ［  n  ○━━━━━  142857  モノ（数値）
名札（定数）      イコール
```

図 3-2 定数のイメージ

ここでは、142857 という数値に、n という名前を付けました。逆に言うと、これによって n は 142857 という数値を表すようになったのです。それでは、定数を使ってみましょう。次のように、関数の引数として渡してみます。

```
const n = 142857;
console.log(n);
```

実行結果▶

```
142857
```

定数 n が数値の代わりになっているのがわかりますね。n を使って計算もできます。

```
const n = 142857;
console.log(n * 3);
```

```
428571
```

定数なので、n が指し示すものを変えることはできません。

```
const n = 142857;
n = 1729;  ←————————エラー！
```

基本的な定数の作り方と使い方はこれだけです。数値を定数とする場合はこれですべてなのですが、これに何の意味があるのか、あまりピンとこないと思います。実はわかりやすい例が前章から登場していました。turtle.js の次の部分です。

```
// カメを作って名前を「t」に
const t = new TURTLE.Turtle(p);
t.visible(true);  // カメが見えるか
```

まず、演算子 new を付けて TURTLE.Turtle() 関数を呼び出しています。こうすると、カメ（オブジェクト）が作られます。そして、名前として t を付けています。この行から下では、定数 t はカメを表すことになります。

そして、t.visible(true) と書くことによって、カメ t の関数 visible() を呼び出していることになります。

変数

データと名札が結びついた後でも変更することができるのが変数です。変数を作るには、let の後に名前を書いて、続けて代入演算子（=）とデータを書きます（図 3-3）。

```
let i = 0;
console.log(i);
```

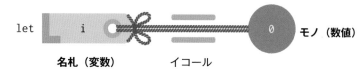

名札（変数）　　　イコール

図 3-3　変数のイメージ

名札のひもがほどけそ
うな絵になってるな！

　ここでは 0 という数値に「i」という名前を付けました。つま
り、数値の変数 i を作ったのです。実行するとコンソール出力
に次のように表示されます。

実行結果▶
```
0
```

次のように、変数の指し示すものを変えられます。

```
let i = 0;
i = i + 1; •————————— 変数 i に数値 1 を足したものを再び変数 i に代入
console.log(i);
```

実行結果▶
```
1
```

同じことをもっと簡単に書くこともできます。

```
let i = 0;
i += 1; •————————— 変数 i に数値 1 を足したものを再び変数 i に代入
console.log(i);
```

もちろん、文字列の変数を作ることもできます。

```
let m = "Wow! ";
console.log(m);
```

Wow!

文字列の変数も、指し示すものを更新できます。

```
let m = "Wow! ";
m = m + "Wow! "; ←──────── 変数mに文字列「Wow! 」を連結したものを再び変数mに代入
console.log(m);
```

実行結果▶ Wow! Wow!

　m + "Wow! " は変数m（の文字列）と文字列「Wow! 」を連結することを表します。その連結してできた文字列を m = の部分で、変数mに再び代入しています。
　定数と変数は似ていますが、定数には「間違って変えてしまう心配がない」というメリットがあります。**できるだけ定数を使う**ようにしましょう。

Column

変数は箱？

これまでにどこかで、「変数は値を入れる箱のようなもの」という説明を聞いたことはありませんか？ところが、JavaScriptでは、同じ値（オブジェクト）を複数の変数にセットできます。そうすると「箱」というたとえではうまく説明できません。
そこで本書では（本書だけではありませんが）、名札にたとえました。名札なら、同じものに複数付けられていても、それほど違和感はないですよね？
ちなみに、「代入」と言うとどうしても何かをどこかに入れるイメージですが、英語では「assign」つまり「割り当てる」と言います。

同じ野良猫があちこちの家で違う名前で呼ばれるみたいだな！

定数や変数の使える範囲

　定数や変数という「名札」が有効な範囲はどこまででしょうか？ 例えば次のようなプログラムがあったとき、outputFamilyName() 関数の中で定義した定数 namae は、その外側でも使えるのでしょうか？

```
const outputFamilyName = function () {
    const namae = "Hashibiro";  ←──────── 定数 namae を定義
    console.log(namae);
};


console.log(namae);  ←────────────── ここで定数 namae を使おうとすると……
```

　実際に動かすとわかりますが、エラーになります。Croqujs では「『namae』が何かがわかりません」と表示されます。

　定数も変数も、定義された場所の外側では使えません（見えません）。「場所」というのは、{ と } で囲まれた範囲を指します。

関数の中では、ほかの関数を気にしないで、好きな名前の定数や変数を作れるんですね。

```
const outputFamilyName = function () {
    const namae = "Hashibiro";  ←──── ここで定数 namae を作っていても……
    console.log(namae);
};


const outputFirstName = function () {
    const namae = "Koh";  ←────────── こちらで定数 namae を作っても問題ない！
    console.log(namae);
};
```

一方、関数の外側で定義された定数や変数は、関数の内側でも使えます（図3-4）。ただし、そういった定数や変数はどこからでも使えてしまうので、便利なようですが、混乱のもとになることがあります。

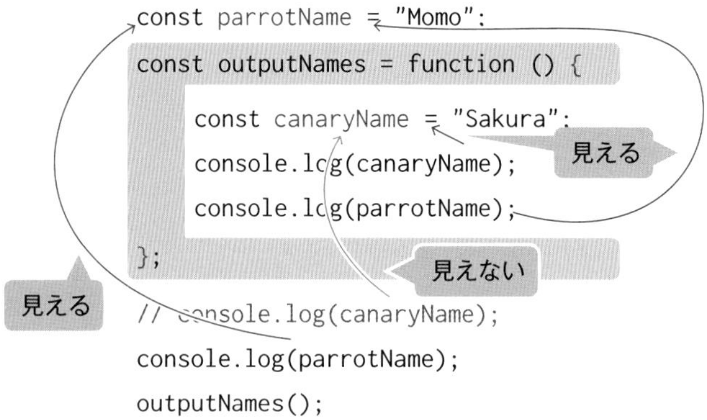

```
const parrotName = "Momo";
const outputNames = function () {
    const canaryName = "Sakura";    見える
    console.log(canaryName);
    console.log(parrotName);
};                              見えない
見える  // console.log(canaryName);
console.log(parrotName);
outputNames();
```

図3-4　**定数や変数の使える範囲**

Column

関数の引数

関数の引数は関数の中で定義された変数のようなものです。値は関数を呼び出した側によってセットされています。

プログラムの進み方

　プログラムの各行は、基本的には上から下へと逐一実行されます。書いた順番で処理が行われることを、**逐次処理**と言います。

　順番が重要だということは、前章に登場した、星を描くプログラムでもわかります。日本語で書かれた説明の通り、順番にカメが動いて線が引かれ星が描かれましたね。

```
t.pd();   // ペンを下ろす

t.go(100).tl(144);  ————————— 前に 100 歩進む　左に 144°回る
t.go(100).tl(144);  ————————— 前に 100 歩進む　左に 144°回る
t.go(100).tl(144);  ————————— 前に 100 歩進む　左に 144°回る
t.go(100).tl(144);  ————————— 前に 100 歩進む　左に 144°回る
t.go(100);  ————————— 前に 100 歩進む

t.pu();   // ペンを上げる
```

　それでは、関数が複数あるとき、どのような順序で実行されるのでしょうか？

　プログラムの実行は、途中でジャンプすることがあります。それが**関数の呼び出し**です。次のプログラムでは、2 つの関数、f1() と f2() が定義されています。

📄 **functionCall.js**

```
const f1 = function (x) {
    console.log("f1");  ————— ⑤
    return x * x;  ————— ⑥
};


const f2 = function (x) {
    console.log("f2");  ————— ③
    const a = f1(x);  ————— ④⑦
    return x * a;  ————— ⑧
```

> f1 や f2 は説明用の名前です。意味がない名前なので本当はよくないですね。

```
};

console.log("start");  •————————————  ①
const a = f2(10);  •————————————  ②⑨
console.log(a);  •————————————  ⑩
console.log("goal");  •————————————  ⑪
```

実行結果▶

```
start
f2
f1
1000
goal
```

> 呼び出された関数の return で、呼び出し元に戻るんだな！

プログラムの流れは番号順になります。順番にたどってみましょう。

① **console.log()** 関数で「**start**」と出力します。
② **f2()** 関数を呼び出します。すると、関数の中に入って、
③ 〈関数 **f2**〉**console.log()** 関数で「**f2**」と出力します。
④ 〈関数 **f2**〉**f1()** 関数を呼び出します。すると、関数の中に入って、
⑤ 〈関数 **f1**〉**console.log()** 関数で「**f1**」と出力します。そして、
⑥ 〈関数 **f1**〉計算をしてその結果を **return** します。すると、呼び出した関数に戻って、
⑦ 〈関数 **f2**〉先ほどの計算結果を定数 **a** にします。
⑧ 〈関数 **f2**〉計算をしてその結果を **return** します。すると、呼び出した関数に戻って、
⑨ 計算結果を定数 **a** にします。
⑩ **console.log()** 関数で定数 **a** を出力します。
⑪ **console.log()** 関数で「**goal**」を出力します。

場合に応じた処理を行う

プログラムの進み方がこれだけだと、実行結果もいつも同じでつまらないですよね？ ここでサンプル・プログラム evenOdd.js を開いて、実行しましょう。

CODE evenOdd.js

```
// 数を調べる
const check = function (num) {
    if (num % 2 === 0) {          〔num を 2 で割った余りが 0〕のときは……
        console.log("偶数！");
    }
};

// 関数を呼び出す
check(32);
```

実行結果▶

```
偶数！
```

　ここでは、偶数か奇数かを調べる関数、check() を定義しています。そして、check() 関数を、引数を 32 にして呼び出しています。ようするに 32 が偶数か奇数かを調べようとしているのです。

　場合に応じて、ここでは「偶数のときだけ」、特定の処理を行うには、if 文を使います。Croqujs では if 文が**薄い緑色の逆コの字**で表示されます（図 3-5）。

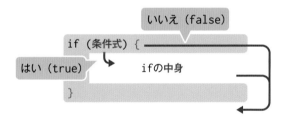

図 3-5 **if 文**

中括弧で囲めばいいんだな。ツルっとお見通しだね！

　次のように書くと、変数 num が偶数のときだけ、if 文の中身が実行され、ここでは「偶数！」と表示されます。

```
if (num % 2 === 0) {          〔num を 2 で割った余りが 0〕のときは……
    console.log("偶数！");          if 文の中身
}
```

ポイントは、num % 2 === 0という式です。%は、左の数を右の数で割ったときの余りを求める演算子です。この式は、変数numを2で割った余りが0と等しい（===）かどうか、つまりnumが偶数かどうかを調べています。

それでは、ほかの数も調べてみましょう。

```
// 関数を呼び出す
check(31);
```

実行すると「偶数！」とは表示されなくなりました。確かに、if文の役割、場合に応じて処理を分けるということが実現しています。

しかし、ここは偶数でないならば「奇数！」と表示されてほしいですよね？ そこで、次のように変えます。

CODE check()関数 - evenOdd_2.js

```
const check = function (num) {
    if (num % 2 === 0) { ──────── 〔numを2で割った余りが0〕のときは……
        console.log("偶数！");
    } else {
        console.log("奇数！");
    }
};
```

このように、条件に当てはまらない場合の動作には、if-else文を使います（図3-6）。これで、偶数と奇数を正しく判定するプログラムができました。

このように、場合に応じて処理を分けることを、**条件分岐**と言います。

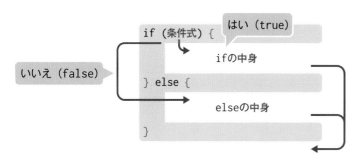

図 3-6 if-else文

実験クイズ

クイズ 1

　次のプログラムは、実行してもエラーは出ませんが、書いた人の思った通りには動作しません。実行すると、何がコンソール出力されるでしょうか？

CODE moreLess_q1.js

```javascript
// 数を調べる
const check = function (num) {
    console.log(num + "は");
    if (num >= 3) {
        console.log("3未満！");
    } else {
        console.log("3以上！");
    }
};

// 関数を呼び出す
check(10);
check(3);
check(1);
```

実行結果▶

```
10は
3未満！
3は
3未満！
1は
3以上！
```

でたらめのメジロ押しだな！

　これを今から、if 文の条件（num >= 3）の部分だけを修正して、正しく動作するようにしたいと思います。どのように変更するとよいでしょうか？

解答選択肢▶ ❶ num >= 3 を　　❷ >= を <= に　　❸ >= を < に
　　　　　　　　3 >= num にする　　　する　　　　　する

　算数の時間に習った不等号に、「>=」はなかったですよね？ これは「≧」という意味です。大なり「>」の後にイコール「=」を書きます。

　答えはわかりましたね？ >= を < にするのが正解です。

実験クイズ１の答え▶ ❸

「≧」の逆の「≦」は「<=」と書きます。イコールと不等号の順番に注意！

同じ処理を何度も繰り返す

　同じことを何度もするのは面倒です。プログラムならコピペできますが、そうすると今度は修正が面倒になります。サンプル・プログラム mats.js を開きます。

CODE mats.js

```
// ウィジェット・ライブラリを使う
// @need lib/widget

// チャット・ウィジェットを作って名前を「chat」に
const chat = new WIDGET.Chat(200, 300);

// 歌を歌う
const sing = async function () {
    for (let i = 0; i < 3; i += 1) {
        chat.println("あれ？");
        await chat.sleep(1);   // １秒休む
    }
    chat.println("マツムシが鳴いてるよ！");
    await chat.sleep(1);   // １秒休む
};

// 関数を呼び出す
sing();
```

関数が1つだけの簡単なプログラムです。実行してみましょう。ここでは少し面白いことをしたいので、ウィジェット・ライブラリの Chat ウィジェットを使っています。コンソール出力ではなく、Croqujs の実行画面の方に表示されます。

少しずつ、時間があいて表示されましたね？ Chat ウィジェットを使ったのはそれをやりたかったからなのです！

同じ処理を何度も繰り返したいときに使うのが for 文です。Croqujs では for 文が**薄い青色の逆コの字**で表示されます（図3-7）。

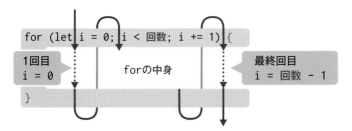

図3-7 **for 文**

次のように書くことで、for 文の中身が3回繰り返されます。つまり、「あれ？」が3回表示されるということです。

CODE **sing() 関数 - mats.js**

```
const sing = async function () {
    for (let i = 0; i < 3; i += 1) {
        chat.println("あれ？");          ——————— for 文の中身 ここから
        await chat.sleep(1);  // 1秒休む ———— for 文の中身 ここまで
    }
};
```

for 文の中の数字が繰り返す回数を決めています。次のように、3 を 6 に変えましょう。

sing() 関数 - mats_2.js

```
const sing = async function () {
    for (let i = 0; i < 6; i += 1) {
        chat.println("あれ？");
```

このような繰り返しを、**ループ（反復処理）**と言います（図 3-8）。

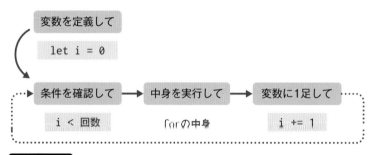

図 3-8 **for 文のしくみ**

awaitとasync

mats.jsのsing()関数で、chat.sleep(1)という関数呼び出しの直前にawaitと書いてあったことに気づきましたか？ これは、chat.sleep()関数が**終わるのを待つ**、つまりスリープが終わるまで、プログラムの次の行に進まない、ということを表します。

awaitを中で使う関数は、functionの前にasyncを付ける必要があります。const sing = async function () {の部分です。

awaitとasyncは「非同期処理」のためのしくみなのですが、本書では詳しい説明を省略します。ここでは、chatを使うときのおまじないだと考えましょう。

クイズ 2

　もっと繰り返しましょう。先ほどの変更を戻したら（6を3にする）、次のようにインデントに注意してプログラムを変えます。実行すると、何が表示されるでしょうか？

CODE sing()関数 - mats_q2.js

```
const sing = async function () {
    for (let j = 0; j < 2; j += 1) { ────── 変数 j を使っていることに注意！
        for (let i = 0; i < 3; i += 1) {
            chat.println("あれ？");
            await chat.sleep(1);   // 1秒休む
        }
        chat.println("マツムシが鳴いてるよ！");
        await chat.sleep(1);   // 1秒休む
    }
};
```

解答選択肢▶
❶「あれ？」が6回表示されてから、「マツムシが〜」が2回表示される。
❷ 先ほどの4行がそのまま2度表示される。
❸ for文を二重に使うとエラーになる。

※答えはクイズ3の終わりにあります。

　for文をfor文で囲むと、繰り返しを二重にすることができます。二重ループとも言います。実行すると次のように表示されます。全体が2回繰り返されましたね。

実行結果▶

```
あれ？
あれ？
あれ？
マツムシが鳴いてるよ！
あれ？
あれ？
あれ？
マツムシが鳴いてるよ！
```

for 文には気を付けなければいけないポイントがあります。次のプログラムをじっくりと見て、何が起こるのかを予想しましょう。

dangerLoop_q3.js

```javascript
// ウィジェット・ライブラリを使う
// @need lib/widget

const chat = new WIDGET.Chat(200, 300);

const bringDanger = function () {
    for (let i = 0; i < 10; i += 0) {
        chat.println("Hello!");
    }
};


bringDanger();
```

これを実行するとどうなるでしょうか？

正解選択肢▶
❶「Hello!」が 10 回表示される。
❷「Hello!」が無限に表示される。
❸ 何も表示されない。

for 文に i += 0 と書いてあります。つまり、この for 文はいくら繰り返しても変数 i は 0 のまま、つまり i < 10 なので、終了しません！ **無限ループ**です！

そう言われると「Hello!」がたくさん表示されそうですが、実際には何も表示されませんよね？ これは、コンピューターが何よりも（画面への表示よりも！）ループを繰り返すこと自体に専念してしまうためです。

ガーン！ コンピューターも、鳥突猛進することがあるんだな！

実験クイズ 2 の答え▶ ❷　　**実験クイズ 3 の答え▶** ❸

SECTION 3.5 その他のデータ型

ここで、その他のデータ型について紹介します。

関数

今までのプログラムをふりかえりましょう。関数を定義するところには、必ず const と書いてありましたよね？ そうです。定数を作っていたのです。ここで定数が指し示すのは**関数型**のデータです。関数もデータの一種だったのです。

関数の定義でも、関数というデータに、名札を付けていたんですね。

```
const bringDanger = function () { … }
```

配列

いくつかのデータをひとまとめに並べておきたいことはよくあります。例えば、好きな曲のマイベスト 10 のリストを作るようなときです。

配列は、複数のデータを**順番に並べておく**ためのものです。次のプログラムを見ましょう。

ワタシはカナリヤばいトリのベスト 10 を作ったことがあるね！

```
const ts = [-4, -3, 0, 7, 12, 17, 21, 22, 18, 12, 5, -1];  ←配列の定義
console.log(ts); •─────────────────────── 配列をコンソール出力
```

ここでは、ある都市の 1 月から 12 月までの平均気温をひとまとめに順番に並べる配列を作っています（図 3-9）。配列というものに、ここでは 12 個の数値データが結びつけられているようなイメージです。

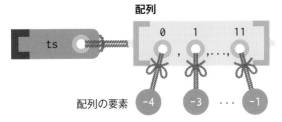

図3-9　配列のイメージ

実行すると次のように表示されます。

実行結果▶

```
[-4, -3, 0, 7, 12, 17, 21, 22, 18, 12, 5, -1]
```

　配列の個々の要素にアクセスするのは簡単です。配列を表す定数や変数に続けて［　］でその順番を指定します。この順番の指定を配列の**インデックス（添字）**と言います。では、次のプログラムを実行すると何が表示されるでしょうか？

```
const ts = [-4, -3, 0, 7, 12, 17, 21, 22, 18, 12, 5, -1];
console.log(ts[1]);
```

実行結果▶

```
-3
```

　おや？ ts[1] と書いたのでてっきり 1 番目の数値、-4 が表示されるかと思いきや、実際には -3 が表示されました。どういうことでしょうか？

　配列では、**要素は 0 番から順番に**番号が付けられます。そのため、ts[1] は、配列の 2 番目の要素を表していたのです。

　それでは、配列の最後の要素にアクセスしたいときはどうしたらよいのでしょうか？ 配列の要素の数をいちいち数えなくても済む方法があります。

```
const ts = [-4, -3, 0, 7, 12, 17, 21, 22, 18, 12, 5, -1];
console.log(ts[ts.length - 1]);
```

実行結果▶

```
-1
```

添字の ts.length というのがポイントです。**配列名 .length** とすると、その**配列の要素の数**を得られます。ただし、インデックスは 0 から始まるので、最後の要素のインデックスは length - 1 とする必要があります。

もし、要素の数よりも大きな数をインデックスに指定すると、どうなるでしょうか？

ものは試しです。console.log(ts.length); と入れてみると……。

```
const ts = [-4, -3, 0, 7, 12, 17, 21, 22, 18, 12, 5, -1];
console.log(ts[100]);          要素の数よりも大きな添字
```

実行結果▶

```
undefined
```

undefined というのは「未定義」を表す特別な値です。インデックスを 0 より小さくしたり要素の数より大きくしたりして、配列の範囲の外側からデータを取ろうとすると、データの代わりに得られます。

配列のすべての要素にアクセスしたいときはどうすればよいのでしょうか？ 例えば、1 つずつ「℃」を付けて表示したい場合です。次のように for 文を使います。

```
const ts = [-4, -3, 0, 7, 12, 17, 21, 22, 18, 12, 5, -1];
for (let i = 0; i < ts.length; i += 1) {
    console.log(ts[i] + "℃");
}
```

実行結果▶

```
-4℃
-3℃
0℃
7℃
12℃
17℃
21℃
22℃
18℃
12℃
5℃
-1℃
```

ここでもポイントは ts.length の部分です。for 文のこの部分には繰り返す回数を書くので、要素の数でよい（1引かなくてもよい）のですね。

　配列のすべての要素にアクセスする方法はもう1つあります。for-of 文です。

```
const ts = [-4, -3, 0, 7, 12, 17, 21, 22, 18, 12, 5, -1];
for (const t of ts) {
    console.log(t + "℃");
}
```

　for (const t of ts) { … } のように書くと、for 文の中で、配列 ts の要素が順番に1つずつ定数 t にセットされ、使うことができます。何番目の要素なのかを特に気にする必要がないときは、こちらの書き方の方が簡単です。

　配列の要素を後から変更したくなったときはどうしたらいいのでしょうか？ 次のようにします。実行すると確かに置き換わっていることがわかりますね。

配列の要素も、ほどけそうな絵になってるのはそういう意味だろ！ 知っトリますわ！

```
const ts = [-4, -3, 0, 7, 12, 17, 21, 22, 18, 12, 5, -1];
console.log(ts);
ts[6] = 32; •──────── 7月の気温を32℃に
console.log(ts);
```

実行結果▶
```
[-4, -3, 0, 7, 12, 17, 21, 22, 18, 12, 5, -1]
[-4, -3, 0, 7, 12, 17, 32, 22, 18, 12, 5, -1]
```

オブジェクト

　いくつかのデータをひとまとめにしておきたいことはよくあります。例えば、ある人の名前、年齢、住所などです。配列を使っても似たことができますが、配列ではどこに何を入れたのかがわかりづらくなってしまいます。

　オブジェクトは、複数のデータそれぞれに**名前を付けてまとめておく**ためのものです。次のプログラムを見ましょう。

```
const person = { name: "Hashibiro", age: 42, address: "Tokyo" };
console.log(person);
```

　ここでは、「Hashibiro」という文字列を name という名前で、42 という数値を age という名前で、「Tokyo」という文字列を address という名前でひとまとめにしたオブジェクトを作成し、person という名前の定数としています（図 3-10）。

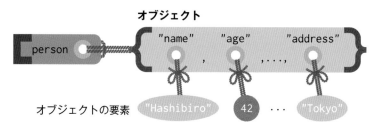

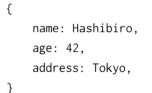

図 3-10 **オブジェクトのイメージ**

　実行するとコンソール出力に次のように表示されます。

Croqujs のコンソール出力にマウスを重ねると、データ型を確認できますよ。

実行結果▶

```
{
    name: Hashibiro,
    age: 42,
    address: Tokyo,
}
```

　オブジェクトの要素にアクセスするには、次のように、配列を表す定数や変数に続けてドット（.）と名前を書きます。

```
const person = { name: "Hashibiro", age: 42, address: "Tokyo" };
console.log(person.name);
```

実行結果▶

```
Hashibiro
```

オブジェクトが持っているデータとその名前の組み合わせを**プロパ
ティ**と言うことがあります。プロパティの名前を**キー**、対応付けられ
たデータを**値**と言います。

　あとから住所 address の値を変えたくなったときはどうしたらよ
いのでしょうか？ 配列のときと同様に、次のように書くことで変更
できます。

オブジェクトの要素も
ほどけそうな絵だから
変更できるんだな。ツ
ルっとお見通し！

```
const person = { name: "Hashibiro", age: 42, address: "Tokyo" };
console.log(person.name);
person.address = "Sapporo";
```

要素がどの順番で出
てくるかは、実行する
までわかりませんよ。

　オブジェクトのすべての要素にアクセスしたいと
きはどうすればよいのでしょうか？ 例えば、中身を
確かめるために、キーと値を一覧で表示したい場合
です。配列のときと同じように for-of 文を使って、
次のように書きます。

```
const person = { name: "Hashibiro", age: 42, address: "Tokyo" };
for (const [key, value] of Object.entries(person)) {
    console.log(key + "は" + value);
}
```

実行結果▶

```
nameはHashibiro
ageは42
addressはTokyo
```

　ポイントは const [key, value] of Object.entries(person) の部分です。このように
書くと、for-of 文の繰り返しで、定数 key がキーの文字列、定数 value がその値となります。
角括弧 [ ] でくくっていますが、配列を作っているわけではありません。

　さて、オブジェクトの要素にできるのは、文字列や数値だけではありません。関数もデータの一
種なので、関数もオブジェクトの要素にできます。

　次のようなプログラムを考えましょう。

```
const util = {};
util.output = function (str) {  ──────── console.log() を呼び出すだけの関数
    console.log(str);
};
```

空のオブジェクトを作って定数 util としています。そして、そのオブジェクトのプロパティ output の値を、関数 function (str) { console.log(str); } にしています。

今作った関数を呼び出してみましょう。次のように書きます。

```
const util = {};
util.output = function (str) {
    console.log(str);
};
util.output("Hello!");
```

実行結果▶

```
Hello!
```

オブジェクト util に含まれている関数 output() を呼び出すことができました。この、util. output("Hello!") という書き方に見おぼえはありませんか？

これまで関数を呼び出すときに、**名前.関数名()** という書き方をすることがありました。実は、オブジェクトに含まれる関数を呼び出していたのです。

Column

オブジェクトの便利な作り方

次のように、複数の定数を1つのオブジェクトにまとめたいことがあります。

```
const name = "Hashibiro";
const age = 42;
const person = { name: name, age: age };
console.log(person);
```

次のように書いても、同じことができます。

```
const name = "Hashibiro";
const age = 42;
const person = { name, age };  ←──────── 変数の名前を {} で囲む
console.log(person);
```

クラスの使い方

前章の最初で使ったプログラム turtle.js をもう一度見てみます。注目してほしいのはカメを作ったあたりです。

 setup() 関数 - tutle.js

```
// 準備する
const setup = function () {
    // 紙を作って名前を「p」に
    const p = new CROQUJS.Paper(600, 600);
    p.translate(300, 300);
    // カメを作って名前を「t」に
    const t = new TURTLE.Turtle(p);
    t.visible(true);  // カメが見えるか
    p.animate(draw, [p, t]);  // アニメーションする
};
```

先ほどオブジェクトの話をしたので、t.visible(true); というのを見て、「t というオブジェクトに visible() という関数が入っている」と思われたかもしれません。だいたいはそれで正しいのですが、実際はもう少し複雑です。

const t = new TURTLE.Turtle(p); という行の new がポイントです。この new によって、新しいオブジェクトが作られます。このオブジェクトには、カメの情報（位置や向き、スタイルなど）と、カメを動かす関数が含まれています。

このようにオブジェクトは、単にデータをまとめておくだけでなく、データとそれを操作する関数もまとめておくことができます。そういった使い方をするときに、あらかじめ定義されたひな形を、クラスと言います。

クラスの機能を使いたくなったら、そのインスタンス（オブジェクト）を作ります。先ほどの例では、Turtle というクラスの新しいインスタンスを new しています（図 3-11）。クラスは設計図で、インスタンスはその設計図から作ったものということです。

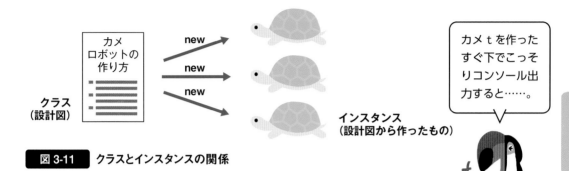

カメ t を作った
すぐ下でこっそ
りコンソール出
力すると……。

図 3-11 クラスとインスタンスの関係

　本書の中では、基本的にクラスの定義については扱いませんが、クラスを（そのインスタンスを作ることで）使っています。

本章のまとめ

　本章では、JavaScript の基礎をひととおり学びました。長い道のりに感じたかもしれません。次の章に進む前に、内容をまとめておきましょう。

■ コメントとは、プログラムをわかりやすくするためのメモや注釈のことです。

■ 関数とは、コンピューターにしてほしいことを、部分ごとにまとめたものです。

■ 関数には、引数としてパラメーターを渡すことができます。

■ ライブラリとは、いくつかの関数をまとめたプログラムのことです。

■ 場合に応じた処理を行いたいときは、if 文を使います。条件に当てはまらない場合にも処理をしたいときは、if-else 文を使います。

■ 同じ処理を何度も繰り返したいときに使うのが for 文です。配列やオブジェクトの中身をすべて使いたいときは、for-of 文を使います。

■ 定数や変数は、プログラムで使用する数値や文字列、オブジェクトなどのデータに付けられた名前（名札）を表します。

■ 定数は、一度データと名前（名札）が結びつくと変更できません。定数を作るには、const の後に名前を書いて、続けて代入演算子（=）とデータを書きます。

■ 変数は、データと名前（名札）が結びついた後でも変更することができます。変数を作るには、let の後に名前を書いて、続けて代入演算子（=）とデータを書きます。

■ データ型とは、プログラムで扱えるデータの種類のことです。数値型、文字列型、真偽値型、関数型、配列型、オブジェクト型などがあります。

■ 配列は、複数のデータを順番に並べておくためのものです。

■ オブジェクトは、複数のデータそれぞれに名前を付けて、ひとまとめにしておくためのものです。

各テーマに進もう！

「雪の結晶を描いてみよう」 ➡ 第 4 章（p.81）へ！

「紅葉が色づくしくみを再現しよう」 ➡ 第 5 章（p.105）へ！

「色を表現しよう」 ➡ 第 6 章（p.131）へ！

「音や声を作ろう」 ➡ 第 7 章（p.157）へ！

「放り投げたボールの動きを再現しよう」 ➡ 第 8 章（p.183）へ！

「感染症が広がる様子を再現しよう」 ➡ 第 9 章（p.211）へ！

雪の結晶を描いてみよう

雪の結晶は身近にありながらものすごく複雑な形をしています。
氷と雪の結晶のしくみを探り、プログラミングで雪の結晶を描き
ましょう！ 実物を観察してそれを再現するのも、想像力を働か
せるのも、プログラミングなら自由です！

氷と雪の結晶のしくみ

 雪の結晶は古くから人の心をつかんでいたようで、さまざまな記録が残っています。どんな形なのかわかりますか?

 温室育ちだから本物は見たことはないけど、だいたいならわかる……ワタシと同じで、スターは大人気だな!

 ……スターだから星の形と言いたいのでしょうが、違いますからね。

 違うの? よし、こうなったら雪の結晶の形をサイエンスとプログラミングで極めるぞ!

氷の結晶のひみつ

雪の結晶は水からできています。その水は"水分子"の集まりです。この水分子を作る水素が、別の水分子の酸素と結びつくと、デコボコした立体、"氷の結晶"ができます。

→ 氷は水に浮く

固体の水はスカスカなので、凍る前より体積は増えます。だから、氷は水に浮くのです。

→ デコボコな形

"へ"の字の形をしている水分子は、角度が120°に少し足りません。6つつなげると、デコボコな六角形になります。

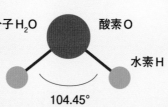

水分子H$_2$O　　酸素O　　水素H

104.45°

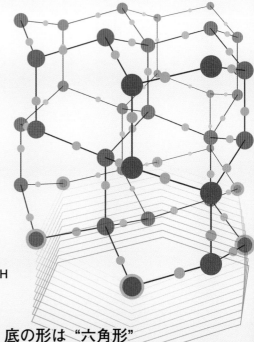

底の形は"六角形"

雪の結晶のひみつ

→ 結晶の成長

氷の六角柱の角に水蒸気が付いていくことによって、結晶は成長します。2つある底面が広がる方向に成長すると平たい形に、柱の方向に成長すると針の形になります。

六角柱

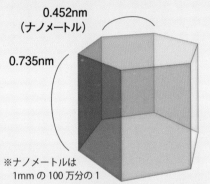

0.452nm
（ナノメートル）

0.735nm

※ナノメートルは1mmの100万分の1

氷の単位は"六角柱"

← 雪の結晶は雲で作られる

雲の中で"雲粒（小さな水の粒）"が凍ったり、水蒸気が直接凍ったりすると、**"氷晶（小さな氷）"** ができます。雪の結晶のもとは、この氷晶なのです。

デコボコな立体がきれいな結晶になるんだな。

Column

雪の結晶はさまざま

結晶の形は雲の中の水蒸気量と気温で決まります。-15℃くらいで、水蒸気が十分にあると、樹枝状（いわゆる雪印の形）になります。

はりじょう
針状

かくちゅう
角柱

じょう
さや状

かくばん
角板

あつかくばん
厚角板

りったいかくばん
立体角板

せんけい
扇形

じゅしじょう
樹枝状

雪の結晶についてわかったところで、その形をプログラミングで再現してみます。六角形だから6回"繰り返す"というのがポイントです。**雪の結晶を自分の好きな形と色でデザイン**しますよ！

結晶の形を プログラムにしよう

プログラムの観察

サンプル・プログラムの snow.js を開いて、プログラム全体を見てみましょう。

まず、最初の**コメント**の部分に注目です。ここでは、このプログラムで使用する**ライブラリ**を指定しています。

はじめは少し長いように感じても、少しずつ見れば大丈夫ですよ。

 最初の部分 - snow.js

```
// クロッキー、スタイル・ライブラリを使う
// @need lib/croqujs lib/style
// パス、カメ・ライブラリを使う
// @need lib/path lib/turtle
// 計算ライブラリを使う
// @need lib/calc
```

続いて**関数**（薄いオレンジ色の逆コの字）を見ていきましょう。関数は何個あって、それぞれ何をしているでしょうか。

1つ目の関数は setup() です。プログラムを実行すると最初に呼び出されます。

本書のプログラムのほとんどに setup() 関数があるみたいだな！

 setup() 関数 - snow.js

```
// 準備する
const setup = function () {
    // 紙を作って名前を「p」に
    const p = new CROQUJS.Paper(600, 600);
    p.translate(300, 300);   // 紙の中心をずらす
    // カメを作って名前を「t」に
    const t = new TURTLE.Turtle(p);
    t.visible(true);   // カメが見えるか
```

```
        p.animate(draw, [p, t]);  // アニメーションする
};
```

　ここでは、絵を描くための「紙」を作るなどの準備をしています。この関数の最後では、次に説明するdraw()関数を（間接的に）呼び出すように指定しています。

　それでは、次の関数、draw()に移りましょう。これは「絵を描く」関数です。

📄CODE draw()関数 - snow.js

```
// 絵を描く（紙、カメ）
const draw = function (p, t) {
    p.styleClear().color("Black").draw();  // 消す
    t.home();  // ホームに帰る
    t.step(25);  // 1歩の長さを設定
//  t.stroke().color("White");  // 線スタイル（テスト用）
//  drawSnowPart(t);  ←――――――コメントアウトされている
    drawSnowFlake(t);
    t.stepNext(5);  // カメのアニメを進める
};
```

> drawSnowPart()と書かれたところがコメントになってるな！

　中でやっていることは、カメの設定（2.2節参照）や、カメのアニメーションを進めることだけです。ここから3つ目の関数、drawSnowFlake()が呼び出されています。

📄CODE drawSnowFlake()関数 - snow.js

```
// 雪の結晶を描く（カメ）
const drawSnowFlake = function (t) {
    t.mode("fillStroke");  // モードを設定
    t.fill();  // ぬりスタイル
    t.stroke();  // 線スタイル
    t.edge(PATH.normalEdge());  // エッジを設定

    for (let i = 0; i < 6; i += 1) {
        t.fill().rgb(191, 191, 255, 0.5);  // ぬりスタイル
        t.stroke();  // 線スタイル
        t.step(20);  // 1歩の長さを設定
```

> for文は3.4節でも説明していますよ。

```
        drawSnowPart(t);
        t.tr(60);
    }
};
```

これは「雪の結晶を描く」関数です。はじめの方でカメの設定をあれこれしています。薄い青色の逆コの字（for 文）がポイントです（図 4-1）。for 文を使うと、その中身を繰り返し実行させることができます。

for 文の中で呼び出されているのが、最後の関数、drawSnowPart() 関数です。

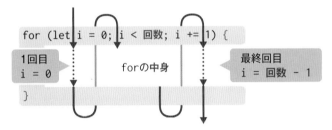

図 4-1　for 文（再掲）

📇 drawSnowPart() 関数 - snow.js

```
// 雪の結晶の部品を描く（カメ）
const drawSnowPart = function (t) {
    const N = Math.sqrt(3);  // ななめ
    t.save();  // カメの状態を覚えておく
    t.pd();  // ペンを下ろす

    t.tl(30);
    t.go(N * 6);
    t.tr(90);
    t.go(6);

    t.tr(60);
    t.go(6);
    t.tr(90);
    t.go(N * 6);
```

setup() 関数からずいぶん遠い気がするけど、どんどんスズメ！

```
    t.pu();   // ペンを上げる
    t.restore();   // カメの状態を元に戻す
};
```

これは「雪の結晶の部品を描く」関数です。これこそがカメを動かして形を描く、一番重要な部分です。

プログラムは、関数が関数を呼び出して実行されます。ここで、**どの関数がどの関数を呼び出しているのか**をまとめてみましょう（図4-2）。

関数の中に、別の関数の名前 ( ) を見つけたら、それが「関数を呼び出している」ってことです。

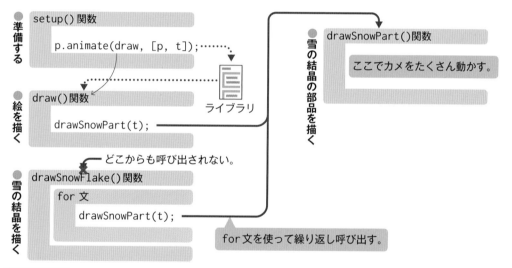

図4-2 snow.js の関数の呼び出し関係

setup() 関数の中から出た点線の矢印が、ライブラリを通って draw() 関数につながっています。これは、関数を直接呼び出すのではなく、p.animate() 関数に引数として draw() 関数を渡すことで、ライブラリの内部から呼び出してもらっているからです。

それでは、実行して結果を確認したら、プログラムの実験をしましょう！

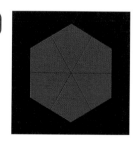

087

 クイズ **1**

　drawSnowFlake() 関数の for 文に注目します。この for 文の 6 を 3 に変えるとどうなるでしょうか？ プログラムをどう変えるのかを確かめて、実行結果をイメージしましょう。答えの選択肢は、下の❶〜❸です。

CODE **drawSnowFlake() 関数 - snow_q1.js**

```
const drawSnowFlake = function (t) {
～～～～～～～～～～～～～～～～～～～～～～～～～
    for (let i = 0; i < 3; i += 1) {  ←――――ここの数字を変える
      t.fill().rgb(191, 191, 255, 0.5);  // ぬりスタイル
～～～～～～～～～～～～～～～～～～～～～～～～～

      t.tr(60);
    }
};
```

解答選択肢▶ ❶ ❷ ❸

※答えはクイズ 3 の終わりにあります。

　それでは、実際にプログラムを変えて、実行してみましょう。

　for 文の数値を変えると、繰り返す回数が変わります。**プログラムを実行する前にイメージする**ことが大切です。それこそが、**プログラミング上達の秘訣**です。

　さて、この実験で、drawSnowPart() 関数は結晶の 6 分の 1 だけを描く関数で、それを for 文で繰り返し呼び出すことによって、結晶の全体を描こうとしていることがわかりましたね。

クイズ **2**

それでは、先ほどと同じ for 文の、記号「<」を「<=」に変えるとどうなるでしょうか?

📄 **drawSnowFlake() 関数 - snow_q2.js**

```
const drawSnowFlake = function (t) {

    for (let i = 0; i <= 3; i += 1) { •——————— ここの記号を変える
        t.fill().rgb(191, 191, 255, 0.5);   // ぬりスタイル

        t.tr(60);
    }
};
```

解答選択肢▶ ❶ 形が変わる。　❷ 色が濃くなる。　❸ 変わらない。

※答えはクイズ3の終わりにあります。

さて、答えをイメージできたら、実際にやってみましょう。先ほどの実験で繰り返しの回数を**3 に変えた部分はそのまま**にして、不等号の隣にイコールを追加します。

実行すると、繰り返しの回数が 3 回から 4 回に変わったことがわかるはずです。

どうして、「<」を「<=」に変えると、繰り返される回数が 1 回増えたのでしょうか? ここでの for 文は、変数 i を 0 にしてスタートし、1 回繰り返すたびに、i に 1 を足しています。そして、「i が 3 より小さい間」は繰り返す、というのが最初の設定でした。

ところが、i <= 3 とすることで、繰り返しの終了条件が、「3 以下の間」に変わります。「以下」には i が 3 のときも含まれるので、その分 1 回増えたのです。

クイズ **3**

実験クイズ 1 と 2 でやった変更を元に戻して、次の実験に進みましょう。

今度は、for 文の中身を変えてみます。次のようにすると、結果はどうなるでしょうか?

CODE drawSnowFlake()関数 - snow_q3.js

```
const drawSnowFlake = function (t) {

    for (let i = 0; i < 6; i += 1) {

        t.tr(30); ●―――――― ここの数字を変える
    }
};
```

　結果をイメージできたら、実行しましょう。for 文の中では、雪の結晶の 6 分の 1 を描いては、カメを回転させていました。今、その回転の角度を変えたわけです。

　実験の結果を実行して確かめたら、**変えた数値を元の 60 に戻して**おきましょう。

実験クイズ 1 の答え▶ ❸　**実験クイズ 2 の答え▶ ❶**　**実験クイズ 3 の答え▼**

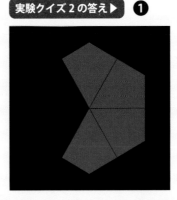 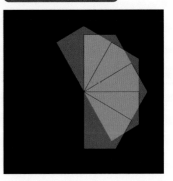

6 分の 1 を描く

　さあ、いよいよ、自分の好きな雪の結晶を描きます！

　その前に、まず、draw() 関数の中を一時的に変えて、6 分の 1 だけが描かれるようにしましょう。これでカメの動きがわかりやすくなります。次のようにプログラムを変えます（後で元に戻しますが、戻し方はそのときに説明します）。

CODE draw() 関数 - snow_2.js

```
const draw = function (p, t) {
```
〜〜〜〜〜〜〜〜〜〜〜〜〜〜〜〜〜〜〜〜〜〜〜〜〜〜〜〜
```
    t.step(25);   // 1 歩の長さを設定
    t.stroke().color("White");   // 線スタイル（テスト用） ──── // を消す
    drawSnowPart(t); ──────────────────────────── // を消す
//  drawSnowFlake(t); ────────────────────────── // を付ける
    t.stepNext(5);   // カメのアニメを進める
};
```

　この状態で実行して、どうなるかを確認します。このときカメを動かしているのは、snow.js の
drawSnowPart() 関数です。

CODE drawSnowPart() 関数 - snow_2.js

```
const drawSnowPart = function (t) {
```
〜〜〜〜〜〜〜〜〜〜〜〜〜〜〜〜〜〜〜〜〜〜〜〜〜〜〜〜
```
    t.pd();   // ペンを下ろす

    t.tl(30); ──────────── ① 左に 30°回る
    t.go(N * 6); ────────── ② 前に N × 6 歩進む
    t.tr(90); ──────────── ③ 右に 90°回る
    t.go(6); ───────────── ④ 前に 6 歩進む

    t.tr(60); ──────────── ⑤ 右に 60°回る
    t.go(6); ───────────── ⑥ 前に 6 歩進む
    t.tr(90); ──────────── ⑦ 右に 90°回る
    t.go(N * 6); ────────── ⑧ 前に N × 6 歩進む

    t.pu();   // ペンを上げる
```
〜〜〜〜〜〜〜〜〜〜〜〜〜〜〜〜〜〜〜〜〜〜〜〜〜〜〜〜

プログラムで掛け算
はアスタリスク (*) で
すよ。お間違えなく。

実行結果▶

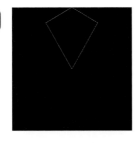

カメの動きをプログラミ
ングするのは、ちょっとし
たパズルみたいカモな！

カメは上を向いた状態からスタートし、先ほどのプログラムの各行にある赤色の説明の通り動きます。①から④まででダイヤ形の一番奥に到着して、⑤から⑧まででスタート地点に帰ってきます。プログラムに出てくる N は $\sqrt{3}$ を表します（後ほど説明します）。

　drawSnowPart() 関数の中の行を、次のように入れ替えるとどうなるでしょうか？ プログラムをどう変えるのかを確かめて、実行結果をイメージしましょう。答えの選択肢は、下の❶〜❸です。

変更前のプログラム

```
t.pd();   // ペンを下ろす

t.tl(30);
t.go(N * 6);
t.tr(90);
t.go(6);
```

📄CODE drawSnowPart()関数 - snow_q4.js

```
t.pd();   // ペンを下ろす

t.go(N * 6);
t.tl(30);
t.tr(90);
t.go(6);
```

解答選択肢▶ ❶ 　❷ 　❸

さて、答えをイメージできたでしょうか？ 実行する前にイメージするのが肝心です。

実験クイズ4の答え▶ ❷

自分の雪の結晶

自分の好きな雪の結晶を描きましょう！ プログラミングする前に設計図を作ります。そのための六角形グリッドを用意しました（図4-3）。

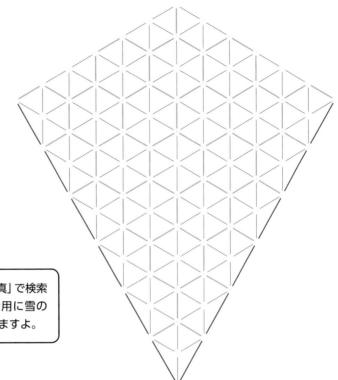

「雪の結晶 写真」で検索すると、参考用に雪の結晶が見られますよ。

図4-3 雪の結晶の設計図用グリッド

このグリッドは、六角形の一辺の長さを1（歩）としています。すると、赤線の部分の長さは、1辺の長さが1の正三角形の高さの2倍なので、$\sqrt{3}$ になります。

ここで、先ほど登場したN（$= \sqrt{3}$）の出番です。つまり、t.go(1)とすれば灰色と水色の線の長さ進み、t.go(N * 1)とすれば赤色の線の長さ進むのです。サンプル（図4-4）の通りでも、自由に作るのでもOKです！

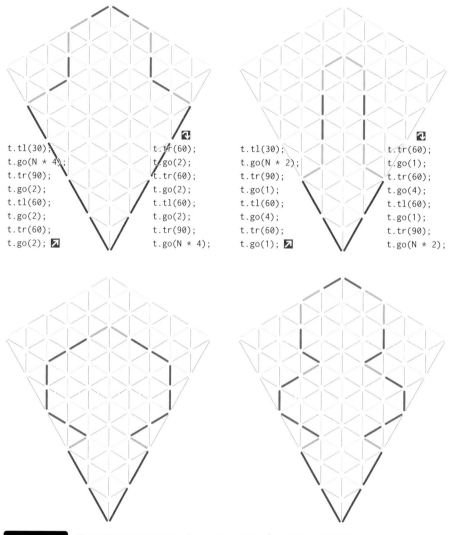

```
t.tl(30);          t.tr(60);
t.go(N * 4);       t.go(2);
t.tr(90);          t.tr(60);
t.go(2);           t.go(2);
t.tl(60);          t.tl(60);
t.go(2);           t.go(2);
t.tr(60);          t.tr(90);
t.go(2);           t.go(N * 4);
```

```
t.tl(30);          t.tr(60);
t.go(N * 2);       t.go(1);
t.tr(90);          t.tr(60);
t.go(1);           t.go(4);
t.tl(60);          t.tl(60);
t.go(4);           t.go(1);
t.tr(60);          t.tr(90);
t.go(1);           t.go(N * 2);
```

図 4-4 雪の結晶の設計図例（上の 2 つにはプログラムも掲載）

　設計図ができたら、snow.js の drawSnowPart() 関数の中で次の部分を、設計図どおりのプログラムに置き換えます。

drawSnowPart() 関数 - snow_3.js

```
const drawSnowPart = function (t) {

    t.pd();   // ペンを下ろす
```

```
t.tl(30); ←———————————————— これはたぶん共通なので消さないでおく
〈ここに自分のプログラムを書く〉

t.pu();  // ペンを上げる ←————————— この行を消さない
t.restore();  // カメの状態を元に戻す
};
```

　カメを動かす関数について、ここで使われるものについてまとめておきます。3つの関数を組み合わせるだけで、ほとんどの形は描けます！

● t.go(歩数) ………… 前に進む
● t.tl(角度) ………… 左に回る
● t.tr(角度) ………… 右に回る

カメを動かす関数の説明は「2.2. カメでお絵描き」にもありますよ。

　プログラムを1行追加したら、必ず**上書き保存**してから実行します。そして、カメの動きを観察して、設計図どおりに動いているかを確認します。

　もしかすると、予想外の動きをしたり、エラーが表示されたりするかもしれません。そんなときはあせらずに、自分が変更したところを確認しましょう。

エラーが出てもトリ乱さない！ さっきまで変えていたあたりにエラーの原因はあるからな！

✓ チェックポイント

ここまで、思った通りにできましたか？ 設計図どおりの雪の結晶の部品が描かれたかを確認しましょう（図4-5は例です）。
カメはきちんと、スタートからぐるっと回って、スタート地点に帰ってきているでしょうか？

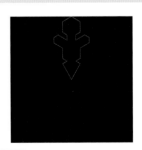

図 4-5 作成した雪の結晶の部品（例）

雪の結晶を作り上げよう

繰り返して結晶に

プログラミングしやすくするために、draw() 関数の中を一時的に変えたことを覚えていますか？ それを次のように元に戻します。

いつになったら完成するんだ？ これを6回コピペするのか？！ うーん、モズかしい！

CODE draw() 関数 - snow_4.js

```
const draw = function (p, t) {
```
〜〜〜〜〜〜〜〜〜〜〜〜〜〜〜〜〜〜〜〜〜〜〜〜〜〜〜〜〜〜
```
    t.step(25);   // 1歩の長さを設定
//  t.stroke().color("White");   // 線スタイル（テスト用）   //を付ける
//  drawSnowPart(t);   //を付ける
    drawSnowFlake(t);   //を消す
    t.stepNext(5);   // カメのアニメを進める
};
```

実行すると、雪の結晶が現れたでしょうか？ ところで、どうして先ほどのように書き換えると、表示されるものが変わったのでしょうか？

一時的にプログラムを変更していたとき、draw() 関数から直接 drawSnowPart() 関数を呼び出していたので、雪の結晶の部品が1つだけ描かれました。先ほど、元に戻したので、draw() 関数は drawSnowFlake() 関数を呼び出すようになりました。

drawSnowFlake() 関数は、その中の for 文の中で drawSnowPart() を繰り返し呼び出します。そのため、繰り返し雪の結晶の部品が描かれて、雪の結晶になったのです。

改造レシピ

ひととおりながめてみて、面白そうなものからチャレンジしましょう！

ここから、自分でプログラムを改造しましょう。プログラムを少し変えるだけで、いろいろな変化を楽しめるのが**改造レシピ**です。どれから取り掛かっても OK です。

レシピ 1 　重ね重ね

雪の結晶は、六角柱の形をした**氷晶の 2 つの底面が成長**すると、2 つの形が重なって見えるはずです。これまでに作った形を、スタイルと大きさを変えて重ねてみます。

CODE drawSnowFlake() 関数 - snow_r1.js

コピーして貼り付けて、違うところだけを直すと、チョウ簡単だな！

```
const drawSnowFlake = function (t) {

    for (let i = 0; i < 6; i += 1) {
        t.fill().rgb(191, 191, 255, 0.5);  // ぬりスタイル
        t.stroke();   // 線スタイル
        t.step(20);   // 1 歩の長さを設定
        drawSnowPart(t);
        t.tr(60);
    }
    for (let i = 0; i < 6; i += 1) {
        t.fill().rgb(0, 255, 191, 0.5);        ① カメのぬりスタイルを設定
        t.stroke();                            ② カメの線スタイルを何もしない！
        t.step(10);                            ③ カメの 1 歩の長さを設定
        drawSnowPart(t);                       ④ drawSnowPart() の呼び出し
        t.tr(60);
    }
};
```

for 文を追加しています。①では、カメのぬりスタイルを、RGB で 0, 255, 191 に、アルファを 0.5 に設定しています。0.5 は半分透過するという意味です。

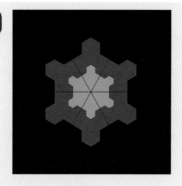

色や太さなどは、
自分で好きに変
えてみましょう。

レシピ 2 ふちの色いろいろ

　この改造レシピと、それに続く「ふちの太さ」「点々と線を引く」まで
は、同じ部分の改造です。どれからチャレンジするかによって、微妙にプ
ログラムが違ってきますので、要注意です。

CODE **drawSnowFlake() 関数 - snow_r2.js**

```
const drawSnowFlake = function (t) {
    t.mode("fillStroke");  // モードを設定
    t.fill();  // ぬりスタイル
    t.stroke().rgb(99, 255, 255);  // 線スタイル ————線の色を指定する
    t.edge(PATH.normalEdge());  // エッジを設定
```

実行結果例▶

レシピ **3** ふちの太さ

 drawSnowFlake()関数 - snow_r3.js

```
const drawSnowFlake = function (t) {
    t.mode("fillStroke");  // モードを設定
    t.fill();  // ぬりスタイル
    t.stroke().rgb(99, 255, 255).width(4);  // 線スタイル ←──線の太さを指定する
    t.edge(PATH.normalEdge());  // エッジを設定
```

レシピ **4** 点々と線を引く

 drawSnowFlake()関数 - snow_r4.js

```
const drawSnowFlake = function (t) {
    t.mode("fillStroke");  // モードを設定
    t.fill();  // ぬりスタイル
                                        ┌── 線の種類を指定する
    t.stroke().rgb(99, 255, 255).width(4).dash([3, 4]);  // 線スタイル
    t.edge(PATH.normalEdge());  // エッジを設定
```

普通の括弧 () の中に角括弧 [] がある
ので要注意です。

.dash() の引数 [3, 4] は、点線の線
のある部分とない部分の長さを表します。
数値を少しずつ変えてみましょう。

実行結果例▶

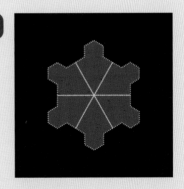

099

このレシピは、レシピ1を終えてから取り組みます。

六角形が基本の雪の結晶ですが、少し違った形が観測されることがあります。レシピ1で改造した部分をさらに下のように変えます。

CODE **drawSnowFlake() 関数 - snow_r5.js**

```
const drawSnowFlake = function (t) {

    for (let i = 0; i < 6; i += 1) {

        t.tr(60);  ←──────ここは変えないように注意     1つ目の for 文
    }
    t.tr(30);  ←──────ここに1行挿入
    for (let i = 0; i < 6; i += 1) {

        t.step(20);   // 1歩の長さを設定
        drawSnowPart(t);                              2つ目の for 文
        t.tr(60);
    }
};
```

レシピ1で、drawSnowFlake() 関数の中に for 文を追加し、2つの for 文をそれぞれ「氷晶の下底が成長したもの」と「氷晶の上底が成長したもの」を描くものとしました。その2つの for 文の間に t.tr(30); があるので、30°ずれるのですね。

実行結果例▶

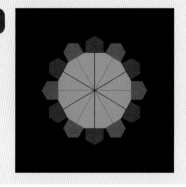

Column

十二花

本物の雪の結晶も、十二角形のような形になることがあり、それを十二枝や十二花と言います。これは、2つの結晶がずれて重なったものだと言われています。

レシピ 6 だんだん変わる

for 文で繰り返している間に、少しずつ色を変えてみましょう。ポイントは、15 + i * 40 という式の部分です。for 文の変数 i は、繰り返しの間、0 から始まって、5 まで増えていきます。そのため、式の値は、15 から 215 まで変化します。

CODE drawSnowFlake() 関数 - snow_r6.js

```
const drawSnowFlake = function (t) {

    for (let i = 0; i < 6; i += 1) {
        t.fill().rgb(15 + i * 40, 255, 255, 0.5);  // ぬりスタイル
        t.stroke();  // 線スタイル
```

表 4-1 変数 i が増えると変わる色

i	15 + i * 40	色
0	15	rgb(15, 255, 255, 0.5)
1	55	rgb(55, 255, 255, 0.5)
2	95	rgb(95, 255, 255, 0.5)
3	135	rgb(135, 255, 255, 0.5)
4	175	rgb(175, 255, 255, 0.5)
5	215	rgb(215, 255, 255, 0.5)

実行結果例▼

本章のまとめ

素敵な雪の結晶は
できたかい？ よ
くガンばったな！

本章は雪の結晶がテーマでした。はじめの 4.1 節では、氷の結晶のし
くみと、雪の結晶のでき方について学びました。4.2 節からは、for 文を
使って繰り返すことで雪の結晶を描きました。ほかの章に進む前に、内
容をまとめましょう。

 水の結晶は、水分子が組み合わさってできます。

 **雪の結晶は、雲粒が凍って氷晶になり、さらに成長することでできます。水蒸気の量
と気温でその形が決まります。**

 **for 文を使って、雪の結晶の 6 分の 1 を描くプログラムを 6 回繰り返すことによっ
て、全体を描くことができます。**

ここでほぼすべての改造を適用したプログラムを掲載します。改造レシピは自分で選んで、好き
なものをやってみましょう。ゴールは自分の素敵な雪の結晶を作ることです。

CODE snow_all.js

```
// 準備する
const setup = function () { 省略 };

// 絵を描く（紙、カメ）
const draw = function (p, t) { 省略 };

// 雪の結晶を描く（カメ）
const drawSnowFlake = function (t) {
    t.mode("fillStroke");  // モードを設定
    t.fill();  // ぬりスタイル
```

```
        t.stroke().rgb(99, 255, 255).width(4).dash([3, 4]);  // 線スタイル
        t.edge(PATH.normalEdge());  // エッジを設定
```
レシピ2〜4

```
        for (let i = 0; i < 6; i += 1) {
            t.fill().rgb(15 + i * 40, 255, 255, 0.5);  // ぬりスタイル
            t.stroke();  // 線スタイル
            t.step(20);  // 1歩の長さを設定
            drawSnowPart(t);
            t.tr(60);
        }
```
レシピ6

```
        t.tr(30);
```
レシピ5
```
        for (let i = 0; i < 6; i += 1) {
            t.fill().rgb(0, 255, 191, 0.5);
            t.stroke();
            t.step(10);
            drawSnowPart(t);
            t.tr(60);
        }
```
レシピ1
```
};

// 雪の結晶の部品を描く（カメ）
const drawSnowPart = function (t) {
    const N = Math.sqrt(3);  // ななめ
    t.save();  // カメの状態を覚えておく
    t.pd();  // ペンを下ろす

    〈ここは自分のプログラム〉

    t.pu();  // ペンを上げる
    t.restore();  // カメの状態を元に戻す
};
```

chapter 05

紅葉が色づくしくみを再現しよう

毎年、秋になると紅葉で山々が色づきますが、どうして色が変わるのかを知っていますか？ 木の葉の色が変わるしくみを学んだら、プログラミングで画面の中に紅葉を再現しましょう！ 気温の変化も再現しますよ。

紅葉が色づくしくみ

秋と言えば食欲の秋ですが、やっぱり美しい紅葉もですね！ ところで、どうして木の葉が黄色や赤色になるのか知っていますか？

話が強引だな！ それは、あれだろ!? 寒くなると……恥ずかしくなるんだよ！

その答えが寒いですからね。さてさて、ここでは紅葉のしくみを見ていきますよ。

冗談の通じないやつだな！ 色がどうして変わるのか、サイエンスとプログラミングでマスターするぞ！

木の葉のひみつ

葉の作りを見てみましょう。手近なところに木があるなら、葉っぱを1枚もらってきて、よく観察してみましょう。

ようしん
→ 葉身

葉の緑色の部分です。光合成によって栄養（デンプン）を作ります。

ようみゃく
→ 葉脈

水と栄養を運ぶ管です。中央の太いものを主脈、そこから左右に枝分かれしているものを側脈と言います。

ようへい
→ 葉柄

葉っぱと木をつなぐ柄の部分です。水と栄養を運びます。

ようえん
→ 葉縁

葉っぱのふちの部分です。ギザギザしているものやつるつるしているものがあり、種類を見分けるときに役立ちます。

紅葉のひみつ

秋になると、緑色の葉は黄色から赤色へと変化します。この色を生み出しているのが**"色素"**です。クロロフィルa, b、カロテン、キサントフィル、アントシアンなどがあります。

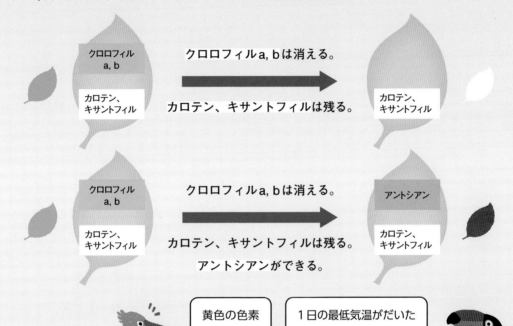

黄色の色素は変わらないんだな！

1日の最低気温がだいたい8℃以下になると、紅葉が始まるそうですよ。

Column

色素と温度のグラフ

黄色、緑色、赤色の色素が、それぞれ温度でどのように変わるのかを簡単なグラフにしました。カロテン、キサントフィルは黄色、クロロフィルa, bは緑色、アントシアンは赤色です。

色素	カロテン・キサントフィル	クロロフィルa, b	アントシアン
20℃			
10℃			
8℃			
0℃			

紅葉のしくみがわかったら、その色の変化をプログラミングで再現してみます。見た目を温度に**"合わせて変える"**というのがポイントです。**好きな形の葉を描いて温度に合わせて紅葉させ**ますよ！

SECTION 5.2 木の葉の紅葉を プログラムにしよう

プログラムの観察

サンプル・プログラムの autumn.js を開いて、プログラム全体を見てみましょう。
まずは最初の**コメント**の部分です。ここでは、使う**ライブラリ**を指定しています。

 最初の部分 - autumn.js

```
// クロッキー、スタイル・ライブラリを使う
// @need lib/croqujs lib/style
// パス、カメ・ライブラリを使う
// @need lib/path lib/turtle
// 計算ライブラリを使う
// @need lib/calc
// ウィジェット・ライブラリを使う
// @need lib/widget
```

> 少しずつ見ていけば、長いように感じても大丈夫ですよ。

続いて**関数**（薄いオレンジ色の逆コの字）の個数や目的を見ていきましょう。1つ目の関数は
setup() です。プログラムを実行すると最初に呼び出されます。

 setup() 関数 - autumn.js

```
// 準備する
const setup = function () {
    // 温度計を作って名前を「th」に
    const th = new WIDGET.Thermometer();
    // 紙を作って名前を「p」に
    const p = new CROQUJS.Paper(600, 600);
    p.translate(300, 450);  // 紙の中心をずらす
    // カメを作って名前を「t」に
    const t = new TURTLE.Turtle(p);
    t.visible(true);  // カメが見えるか
```

> 本書のプログラムだと、setup() 関数はおなじみなんですよ。

```
        p.animate(draw, [p, t, th]);   // アニメーションする
};
```

ここでは絵を描くための準備をして、「温度計ウィジェット」を作っています。これは、実行画面に表示される仮想的な温度計です（図5-1）。

この関数の最後では、次に説明するdraw()関数を（間接的に）呼び出すように指定しています。それでは、次の関数、draw()に進みます。

図 5-1 温度計ウィジェット

マウスで温度を変えて、気温変化をシミュレーションしますよ。

CODE draw()関数 - autumn.js

```
// 絵を描く（紙、カメ、温度計）
const draw = function (p, t, th) {
    CALC.resetRandomSeed();   // ランダム関数をリセット
    p.styleClear().color("White").draw();   // 消す
//  console.log(th.value());   // コンソールに温度を表示
    t.home();   // ホームに帰る
//  drawShape(t); ————————コメントアウトされている
    drawLeaf(t, th.value());
    t.stepNext(5);   // カメのアニメを進める
};
```

drawShape()と書かれたところがコメントだ！気づいたタカな？

中でやっていることは、カメの設定（2.2節）や、カメ・アニメーションを進めることだけです。この関数が呼び出すdrawLeaf()関数は、さらに別の関数を呼び出しているだけなので省略して、4つ目の関数、drawColorMesophyll()に進みましょう。

CODE **drawColorMesophyll()関数 - autumn.js**

```javascript
// 葉肉を描く（カメ、温度）
const drawColorMesophyll = function (t, d) {
    t.mode("fill");  // モードを設定
    t.fill().rgb(255, 255, 0);  // ぬりスタイル
    drawShape(t);

    if (d > 30) { •————————〔d が 30 より大きい〕ときは……
        t.fill().color("Green");
        drawShape(t);
    }
};
```

　これは「葉肉（葉身の葉脈以外）を描く」関数です。カメのいろいろな設定をしています。ポイントは薄い緑色の逆コの字（if 文）です（図 5-2）。if 文を使うと、ある条件のときだけ、その中身を実行させることができます。

　この if 文の中から、カメの設定の関数とともに呼び出されているのが、最後の関数となる drawShape() です。

if 文は 3.4 節でも説明していますよ。

図 5-2 **if 文（再掲）**

 CODE **drawShape()関数 - autumn.js**

```javascript
// 葉の形を描く（カメ）
const drawShape = function (t) {
    t.save();  // カメの状態を覚えておく
    t.edge(PATH.normalEdge());  // エッジを設定
    t.pd();  // ペンを下ろす
```

```
    t.tl(30);
    t.go(180);
    t.tr(60);
    t.go(180);

    t.tr(120);
    t.go(180);
    t.tr(60);
    t.go(180);

    t.pu();   // ペンを上げる
    t.restore();   // カメの状態を元に戻す
};
```

> setup() 関数からず
> いぶん遠い気がするけ
> ど、どんどんスズメ！

　これは「葉の形を描く」、つまり木の葉の輪郭を描く関数です。
ここを変えることによって、カメを自由に動かして、好きな形を描
けるのですね。
　ここで、**どの関数がどの関数を呼び出しているのか**、関数の呼び
出し関係をまとめましょう（図 5-3）。

> 関数の中にある関数の
> 名前 () が「関数を呼び
> 出している」部分です。

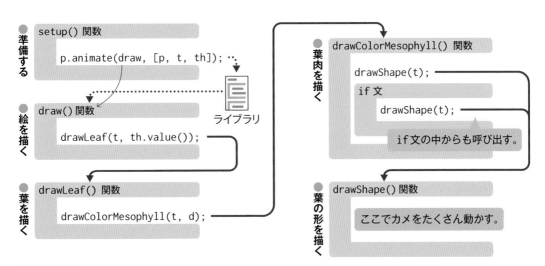

図 5-3　`autumn.js` の関数の呼び出し関係

setup() 関数から draw() 関数への矢印は点線です。これは、関数を直接呼び出すのではなく、p.animate() 関数の内部から呼び出してもらっているからです。

それでは、実行して結果を確認したら、プログラムの実験をしましょう！

実行結果▶

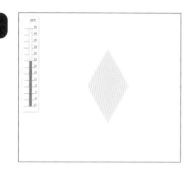

このダイヤ形をこれからカッコウいい葉っぱにしていくんだな！

QUIZ 実験クイズ

クイズ 1

温度計ウィジェットの動作を実験で確認します。draw() 関数を次のように変えます。

CODE draw() 関数 - autumn_q1_1.js

```
const draw = function (p, t, th) {
    CALC.resetRandomSeed();  // ランダム関数をリセット
    p.styleClear().color("White").draw();  // 消す
    console.log(th.value());  // コンソールに温度を表示 ————— // を消す
    t.home();  // ホームに帰る
```

温度計 th の value() 関数を呼び出すと、今の温度が得られるので、それをコンソール出力しています。温度計の赤い部分をマウスでドラッグしてみましょう。draw() 関数は何度も呼び出されるため、コンソール出力には逐一、現在の温度が表示されます。

コンソール出力では、まったく同じ内容が出力されると、そのいくつかが 1 つにまとめられて表示されます。そのとき、まとめられた個数が各行の最初に表示されます（緑色の部分）。

```
28    →    console.log(th.value());   // コンソールに温度を表示
```

```
25  25
24  25
24  25
11  25
```

さて、実験の本番はこれからです。再びコメントアウトします。

CODE draw() 関数 - autumn_q1_2.js

```
const draw = function (p, t, th) {
```

```
//   console.log(th.value());   // コンソールに温度を表示 ———————— // を付ける
```

今度は、drawColorMesophyll() 関数の中、最初の行に console.log(d); と入れます。drawColorMesophyll() 関数の引数 d の値を表示してみるのです。この状態で、プログラムを実行し、温度計を動かして温度を変えると、どうなるでしょうか？ 選択肢はありませんが、予想してみましょう。

CODE drawColorMesophyll() 関数 - autumn_q1_2.js

```
const drawColorMesophyll = function (t, d) {
    console.log(d); ————————ここに 1 行挿入
    t.mode("fill");   // モードを設定
```

コンソール出力に温度計の温度が表示されたはずです。それはなぜでしょうか？ draw() 関数を見ると、drawLeaf() 関数を呼び出すときに、2 つ目の引数として th.value() を渡していますね。こうすると、drawLeaf() 関数の中では、引数の d が温度を表すことになるのです。

draw() 関数 - autumn_q1_2.js

```
const draw = function (p, t, th) {

    drawLeaf(t, th.value());  ←────── ここで drawLeaf() に温度計の温度を渡す
    t.stepNext(5);   // カメのアニメを進める
};
```

drawLeaf() 関数の中では、さらに drawColorMesophyll() 関数を呼び出していますが、そ
こでも引数として温度を表す d を渡しています。そのため、drawColorMesophyll() 関数の中で
引数 d を表示すると、現在の温度が表示されるのです。

クイズ 2

drawColorMesophyll() 関数の if 文の 30 を 40 に変えるとどうなるでしょうか？ 変える場
所を確かめて、結果をイメージしましょう。答えの選択肢は下の❶〜❸です。

CODE **draw() 関数 - autumn_q2.js**

```
const drawColorMesophyll = function (t, d) {

    drawShape(t);

    if (d > 40) {  ←────── ここの数字を変える
        t.fill().color("Green");
        drawShape(t);
    }
};
```

解答選択肢▶ ❶ 40℃のときだけ葉が緑色になる。
❷ 40℃より大きいときだけ葉が緑色になる。
❸ 変わらない。

※答えはクイズ 3 の終わりにあります。

それでは、実際にプログラムを変えて実行し、温度計の温度を動かしてみましょう。

if文の数値を変えたので、条件となる温度が変わったのでした。**実行する前にまずイメージすることが、プログラミング上達の秘訣**です。

クイズ 3

先ほどと同じif文の、記号「>」を「<」に変えるとどうなるでしょうか？

CODE draw() 関数 - autumn_q3.js

```
const drawColorMesophyll = function (t, d) {

    drawShape(t);

    if (d < 40) { ←──────ここの記号を変える
        t.fill().color("Green");
        drawShape(t);
    }
};
```

解答選択肢▶
❶ 40℃のときだけ緑色になる。
❷ 40℃より小さいときだけ緑色になる。
❸ 変わらない。

同じく結果をイメージしてから、実際に変えましょう。実行すると、40℃より「大きい」という条件が、40℃より「小さい」という条件に変わったことがわかるはずです。

実験クイズ 2 の答え▶ ❷   **実験クイズ 3 の答え▶** ❷

葉の形状と葉縁

さあ、いよいよ、自分の好きな葉の形を描きます！

その前に、まず、draw() 関数の中を一時的に変えて、カメの動きをわかりやすくしましょう。次のようにプログラムを変えます（後で元に戻します）。

draw( )関数 - autumn_2.js

```
const draw = function (p, t) {

    t.home();   // ホームに帰る
    drawShape(t);  ──────────── // を消す
//  drawLeaf(t, th.value());  ──────── // を付ける
    t.stepNext(5);   // カメのアニメを進める
};
```

この状態で実行して、どうなるかを確認します。ぬりの設定をする関数を飛ばして、形を描く関数を直接呼び出すようにしました。輪郭だけが表示されましたか？

この形になるようにカメを動かしているのが、プログラムの次の部分です。

実行結果▶

CODE **drawShape( )関数 - autumn_2.js**

```
const drawShape = function (t) {

    t.pd();   // ペンを下ろす

    t.tl(30);  ──────────① 左に 30°回る
    t.go(180);  ─────────② 前に 180 歩進む
    t.tr(60);  ──────────③ 右に 60°回る
    t.go(180);  ─────────④ 前に 180 歩進む

    t.tr(120);  ─────────⑤ 右に 120°回る
    t.go(180);  ─────────⑥ 前に 180 歩進む
    t.tr(60);  ──────────⑦ 右に 60°回る
    t.go(180);  ─────────⑧ 前に 180 歩進む

    t.pu();   // ペンを上げる
    t.restore();   // カメの状態を元に戻す
};
```

カメは上を向いた状態からスタートし、先ほどのプログラムの各行にある赤色の説明の通り動きます。①から④まででひし型の一番奥（上の頂点）に到着して、⑤から⑧まででスタート地点に帰ってきます。

カメの動きをプログラミングするのは、ちょっとしたパズルみたいカモな！

クイズ 4

drawShape() 関数の中の行を、次のように入れ替えるとどうなるでしょうか？ 実行結果をイメージしましょう。答えの選択肢は、下の❶〜❸です。

変更前のプログラム

```
t.pd();   // ペンを下ろす

t.tl(30);
t.go(180);
t.tr(60);
t.go(180);
```

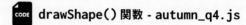 **drawShape() 関数 - autumn_q4.js**

```
t.pd();   // ペンを下ろす

t.tl(30);
t.go(180);
t.go(180);
t.tr(60);
```

解答選択肢▶ ❶　　　　　　　　❷　　　　　　　　❸

さて、答えをイメージできたでしょうか？ 試す前にイメージするのが肝心です。

実験クイズ 4 の答え▶ ❶

Chapter 05

紅葉が色づくしくみを再現しよう

117

自分の木の葉の形

自分で好きな葉の形を描きましょう！ 葉の形は複雑なものが多いので、以下の例を参考に、少しずつ目標に近づけるようにしましょう。

ちょうどよさそうな葉をひろっておくと参考になりますよ。

● **細形**

まず、細形です。細長い形の葉を描くための一番簡単なプログラムです。ポイントは、t.cr() 関数（カーブ・ライトの略）です。引数を3つ取るときは、前に進み、右に曲がり、前に進む、の3つの動きでできる折れ線をなめらかにつなぐ曲線を描きます（図5-4）。

```
t.pd();   // ペンを下ろす

t.tl(30);
t.cr(180, 60, 180);
t.tr(120);
t.cr(180, 60, 180);

t.pu();   // ペンを上げる
```

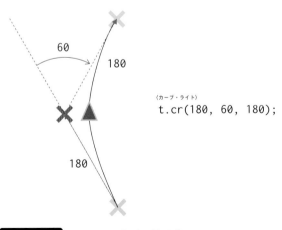

（カーブ・ライト）
t.cr(180, 60, 180);

図 5-4 カメによる曲線（細形）

●先とがり形

　次は、先とがり形です。葉の付け根の部分が膨らんだ形です。こちらでは、先ほどと同じ関数を引数5つで使っています。この場合、前に進み、右に曲がり、前に進み、右に曲がり、前に進む、の5つの動きでできる折れ線をなめらかにつなぐ曲線を描きます（図5-5）。

```
t.pd();  //  ペンを下ろす

t.tl(90);
t.cr(120, 90, 120, 30, 230);
t.tr(120);
t.cr(230, 30, 120, 90, 120);

t.pu();  //  ペンを上げる
```

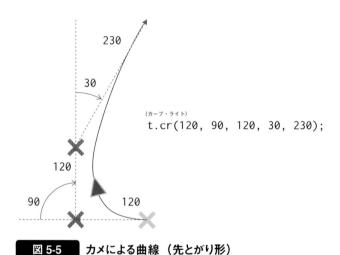

230

30

〈カーブ・ライト〉
t.cr(120, 90, 120, 30, 230);

120

90　　　　120

図5-5　**カメによる曲線（先とがり形）**

　ここから、自分のプログラムの drawShape() 関数を変えて、自分の好きな葉の形を描くようにします。t.pd(); と t.pu(); の間を置き換えます。細形か先とがり形のどちらかのプログラムを入れてから、少しずつ調整するとよいでしょう。

CODE drawShape()関数 - autumn_3.js

```
const drawShape = function (t) {
```
～～～～～～～～～～～～～～～～～～～～～～～～～～～～～～～～
```
    t.pd();  // ペンを下ろす ──────── この行を消さない

    〈ここに自分のプログラムを書く〉

    t.pu();  // ペンを上げる ──────── この行を消さない
    t.restore();  // カメの状態を元に戻す
};
```

　カメを動かす関数について、ここで使われるものについてまとめておきます。5 つの関数を組み合わせるだけで、ほとんどの形は描けます！

カメを動かす関数は
2.2 節でも説明していますよ。

- **t.go(歩数)**……………………………………… 前に進む
- **t.tl(角度)**……………………………………… 左に回る
- **t.tr(角度)**……………………………………… 右に回る
- **t.cr(歩数1，角度1，歩数2)** ………………… 右にカーブする
- **t.cr(歩数1，角度1，歩数2，角度2，歩数3)**…… 右にカーブする
- **t.cl(歩数1，角度1，歩数2)** ………………… 左にカーブする
- **t.cl(歩数1，角度1，歩数2，角度2，歩数3)**…… 左にカーブする

エラーが出てもトリ乱さない！ さっきまで変えていたあたりにエラーの原因はあるからな！

　プログラムを 1 行追加したら、必ず**上書き保存**してから実行します。カメの動きを観察して、思っていた通りに動いているかを確認します。
　もし、予想外の動きをしたり、あるいはエラーが表示されたりしたら、あせらずに、自分が変更したところを確認しましょう。

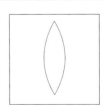

✓ チェックポイント

ここまで、思った通りにできましたか？ 葉の形（輪郭）が描かれていれば大丈夫です（図 5-6 は例です）。
カメはきちんと、スタートからぐるっと回って、スタート地点に帰ってきているでしょうか？

図 5-6　作成した葉の形（例）

木の葉を紅葉させよう

温度に合わせて色を変える

一時的に変えていた draw() 関数の中を、次のように元に戻します。

CODE draw() 関数 - autumn_4.js

> 葉を紅葉させるっ
> てどういうこと？
> モズかしい！

```
const draw = function (p, t) {

    t.home();   // ホームに帰る
//  drawShape(t); ———————————————————— // を付ける
    drawLeaf(t, th.value()); ——————————— // を消す
    t.stepNext(5);   // カメのアニメを進める
};
```

実行すると、輪郭ではなく緑色にぬられた形が描かれましたね？

先ほど変更を元に戻したので、drawShape() 関数は直接呼び出されるのではなく、まず drawLeaf() 関数が呼び出され、その中で drawColorMesophyll() 関数が呼び出され、さらにその中から drawShape() 関数が呼び出されるようになりました。

それでは、次の通り、drawColorMesophyll() 関数の中に if 文を追加します。追加したら、実行して、温度計の温度を変えてみましょう。

CODE drawColorMesophyll() 関数 - autumn_5.js

```
const drawColorMesophyll = function (t, d) {

    if (d > 30) { ———————————————— こちらの if 文は変えない
        t.fill().color("Green");
        drawShape(t);
    }
```

```
if (d < 20) {
    t.fill().color("Red");
    drawShape(t);
}
};
```

──── 4行挿入する

　この関数の中では、葉の形を描く drawShape() 関数が 3 か所で呼び出されています。各呼び出しのすぐ上で、それぞれぬりの色が設定されています。

　最初に黄色の葉を描き、そしてその上から、30℃より暑いときは緑色の葉を、20℃より涼しいときは、赤色の葉を描いています。これで、気温と色素の関係を表現しています。

実行結果▶

改造レシピ

> ひととおりながめてみて、面白そうなものからチャレンジしましょう！

　ここから、少しの変更でいろいろな変化を楽しめる**改造レシピ**で、プログラムを改造しましょう。特に指示がなければ、どれからやっても OK です。

レシピ 1 色素と気温

　5.1 節で学んだ葉の色素が変わる温度に合わせて、数字を変えましょう。変えたら実行し、温度計を動かして、意図した通りになったのかを確認します。

CODE **drawColorMesophyll()関数 - autumn_r1.js**

```
const drawColorMesophyll = function (t, d) {
```

```
    if (d > 10) {  ←――――― 〔d が 10 より大きい〕ときは……
        t.fill().color("Green");
        drawShape(t);
    }
    if (d < 8) {  ←―――――― 〔d が 8 より小さい〕ときは……
        t.fill().color("Red");
        drawShape(t);
    }
};
```

レシピ 2 **色素の色**

葉の色を自然なものに変えてみます。実際の葉を手に取り、それに近づけてみるのもよいでしょう。

CODE **drawColorMesophyll()関数 - autumn_r2.js**

```
const drawColorMesophyll = function (t, d) {
    t.mode("fill");   // モードを設定
    t.fill().rgb(215, 215, 0);   // ぬりスタイル ←――――― カロテン・キサントフィル
    drawShape(t);
```

```
    if (d > 10) {
        t.fill().rgb(0, 191, 0);  ←――――――――――――― クロロフィル
        drawShape(t);
    }
    if (d < 8) {
        t.fill().rgb(191, 0, 0);  ←――――――――――――― アントシアン
        drawShape(t);
    }
};
```

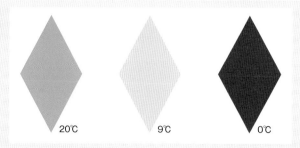

20℃ 9℃ 0℃

 レシピ **3** だんだん変わる

このレシピは、レシピ2を終えてから取り組みます。

温度の変化に合わせて少しずつ色が変わるように、.rgb() 関数の
4つ目の引数（不透明度）に、温度変化に合わせて0〜1の値を設定
するようにします。

> ある温度になったら
> 急に色が変わるのは、
> 不自然だからな！

CODE **drawColorMesophyll() 関数 - autumn_r3.js**

```
const drawColorMesophyll = function (t, d) {

    if (d > 10) {
        t.fill().rgb(0, 191, 0, CALC.map(d, 10, 20, 0, 1));
        drawShape(t);
    }
    if (d < 8) {
        t.fill().rgb(191, 0, 0, CALC.map(d, 8, 0, 0, 1));
        drawShape(t);
    }
};
```

最初の if 文の中身は、d が（例の場合）10 より大きいときに実行されます。すると、CALC.
map() 関数は、引数として受け取った温度 d（10〜20）を、0から1までの不透明度を表す数値
に変換します（図5-7、緑色の線）。d が 10 のときは 0 なので完全に透明、d が 20 以上のときは 1
なので完全に不透明になります。

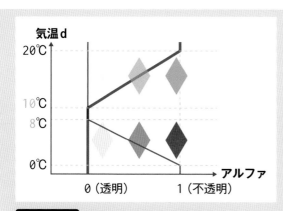

図 5-7 温度と不透明度の関係

実行結果例▶

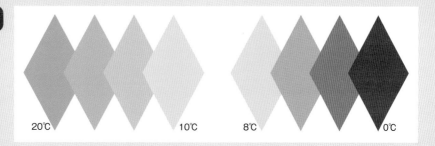

Column

数の範囲を変える

• •

`CALC.map()`関数は、ある範囲の値を別の範囲の値に変えます。

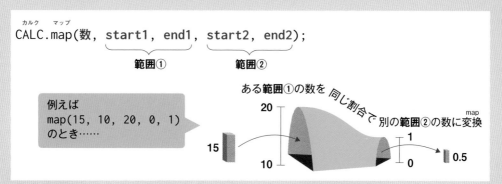

図 5-8 `CALC.map()`関数のイメージ

レシピ 4 ふちの種類

カメはなめらかに進むだけでなく、波打つように進むこともできます。エッジの種類を変えてみましょう。

CODE drawShape() 関数 - autumn_r4.js

```
const drawShape = function (t) {
    t.save();  // カメの状態を覚えておく
    t.edge(PATH.sineEdge());  // エッジを設定
    t.pd();  // ペンを下ろす
```

sineEdge() は波形 (サイン波) のエッジです。ほかのエッジの種類は 2.3 節を見てくださいね。

実行結果▶

レシピ 5 ふちの感じ

このレシピは、レシピ 4 を終えてから取り組みます。

2 つの数字を変えると、ふちの幅と高さを変えることができます。

CODE drawShape() 関数 - autumn_r5.js

```
const drawShape = function (t) {
    t.save();  // カメの状態を覚えておく
    t.edge(PATH.sineEdge(20, 20));  // エッジを設定
    t.pd();  // ペンを下ろす
```

absSineEdge() はサイン絶対値のエッジです。ほかのエッジの種類は2.3 節を見てくださいね。

レシピ **6**　ふちの反転

このレシピは、レシピ 4、5 を終えてから取り組みます。

CODE **drawShape()関数 - autumn_r6.js**

```
const drawShape = function (t) {
    t.save();  // カメの状態を覚えておく
    t.edge(PATH.absSineEdge(20, 20, { reverse: true }));  // エッジを設定
    t.pd();  // ペンを下ろす
```

レシピどおりに試したら、true を false に変えてみましょう。

実行結果例▶

```
t.edge(PATH.absSineEdge(20, 20));
```

```
t.edge(PATH.absSineEdge(20, 20, {reverse: true}));
```

エッジを作る関数の3つ目の引数で、reverseをtrueにすると、エッジが反転します。

本章のまとめ

本章は木の葉の紅葉がテーマでした。はじめの 5.1 節では、葉の作りについて学んだ後、紅葉のしくみについて学びました。5.2 節からは、if 文を使って、温度に合わせて葉の色を変えるようにしました。ほかの章に進む前に、内容をまとめておきましょう。

素敵な葉はできたかい？ よくガンばった！

■ 葉は、葉身、葉柄、葉縁、葉脈から成り立ちます。

■ 葉が紅葉するのは、含まれていた緑色の色素を失うからです。黄色の色素は変化しないため、黄色くなります。また、赤色の色素が増えると、葉は赤色になります。

■ if 文を使って、温度計の温度に合わせて色を変えるプログラムを作り、紅葉の色素の変化を再現できます。

ここですべての改造を適用した場合のプログラムを掲載します。改造レシピは自分で選んで、好きなものをやってみましょう。最終的なゴールは紅葉する様子の再現です。

 autumn_all.js

```javascript
// 準備する
const setup = function () {  省略  };

// 絵を描く（紙、カメ）
const draw = function (p, t, th) {  省略  };

// 葉を描く（カメ）
const drawLeaf = function (t, d) {
    drawColorMesophyll(t, d);  // 葉肉を描く
};
```

```
// 葉肉を描く（カメ）
const drawColorMesophyll = function (t, d) {
    t.mode("fill");   // モードを設定
    t.fill().rgb(215, 215, 0);   // ぬりスタイル ●━━━━━━━━━━ レシピ 2
    drawShape(t);

    if (d > 10) { ●━━━━━━━━━━━━━━━━━━━━━━━━ レシピ 1
        t.fill().rgb(0, 191, 0, CALC.map(d, 10, 20, 0, 1)); ●━━ レシピ 2, 3
        drawShape(t);
    }
    if (d < 8) { ●━━━━━━━━━━━━━━━━━━━━━━━━ レシピ 1
        t.fill().rgb(191, 0, 0, CALC.map(d, 8, 0, 0, 1)); ●━━ レシピ 2, 3
        drawShape(t);
    }
};


// 葉の形を描く（カメ）
const drawShape = function (t) {
    t.save();   // カメの状態を覚えておく
    t.edge(PATH.absSineEdge(20, 20, { reverse: true }));   // エッジを設定
    t.pd();   // ペンを下ろす                        ━━━━━ レシピ 4, 5, 6

    〈ここは自分のプログラム〉

    t.pu();   // ペンを上げる
    t.restore();   // カメの状態を元に戻す
};
```

色を表現しよう

たくさんの種類があることを「いろいろ」と言うように、色は無数にあります。そんな色について、ヒトの色の感じ方に注目したさまざまな実験をしましょう！　絵具なら大変な色づくりも、プログラミングなら簡単です！

色を見分けるしくみ

なあ、夜な夜なカラフルなトリの画像をながめるのが趣味なんだけど、トリはおしゃれだよな。……いろいろな色に異論は認めん！

確かに、いろいろな色のトリがいますね。ところで、この「色」というものがそもそも何なのか、知っていますか？

あれだろ。色ってのは、つまり……光のアレだよ！

何となくはわかっても詳しくはわからない、色に注目したサイエンスとプログラミングをどうぞ！

色を感じるひみつ

世界には一体いくつの色があるのでしょうか？ 実際には、色があるのは世界（身の回り）ではなく、私たちの頭の中です。光の情報を "色" として受け止めているのです。

← 視細胞が光を受ける

網膜にある視細胞は、"杆体（かんたい）" と呼ばれる明るさを感じるものと、"**錐体（すいたい）**" と呼ばれる色を感じるものに分かれます。

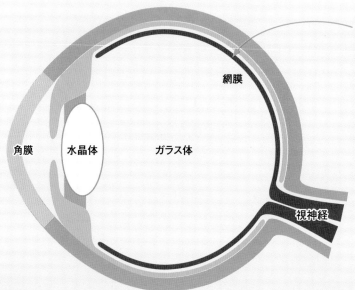

網膜

角膜　水晶体　ガラス体

視神経

視細胞は、光の強さがわかるセンサーなんだな。

何色かを見分けるひみつ

錐体の感度（どれくらいの性能なのか）は、人によって異なり、これを"色覚特性"と言います。人によって似た色が区別できたりできなかったりするのは、色覚特性が違うためです。

↓ 錐体がそれぞれの光を感じる

錐体には、L、M、Sの3種類があります。それぞれが感じる波長を長い方からL、M、Sとすると、錐体Lは主に赤色を、錐体Mは主に緑色を、錐体Sは主に青色を中心とした範囲の光の強さを感じます。

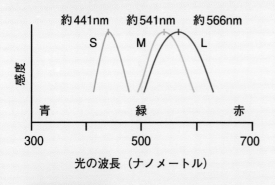

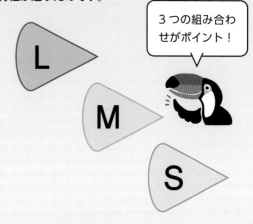

3つの組み合わせがポイント！

↑ 3種類のセンサー

このL、M、Sが感知するそれぞれの光の強さの"組み合わせ"によって、さまざまな色を見分けています。

Column

ヒトに共通する色

名前の付けられた色はたくさんありますが、特定の言葉や文化によらずに一般的に使われる"基本色"として、白、黒、赤、緑、黄、青、茶、紫、桃、橙、灰の11色が知られています。このように、色を特定のカテゴリーに分類して認識することを、"色のカテゴリカル知覚"と言います。

灰 黒 橙
白 赤 緑 黄
青 桃
茶 紫

色の説明を聞いても、自分で色を"作ったり"、"見つけたり"しないと、わかりづらいですよね？ プログラミングでいろいろな実験をしてから、**ヒトの感覚に合わせて色を見分けるアプリ**を作りますよ！

色をプログラムで表そう

プログラムの観察

この章では3つのサンプル・プログラムを使いますよ。どれを開くのかお間違えなく！

サンプル・プログラムの chart.js を開いて、全体を見てみましょう。**関数**を確認していきますが、まずは、使っている**ライブラリ**に注目です。

 最初の部分 - chart.js

```
// カラー・ライブラリを使う
// @need lib/color
```

カラー・ライブラリ（COLOR）には、色を扱うためのさまざまな関数が詰め込まれています。続いて関数を見ていきましょう。1つ目の関数は setup() です。

 setup() 関数 - chart.js

```
// 準備する
const setup = function () {
    // スライダーを作って名前を「sl」に
    const sl = new WIDGET.Slider(0, 255, 0);
    // 紙を作って名前を「p」に
    const p = new CROQUJS.Paper(256, 256);

    draw(p, sl.value());
    const listener = function () {   // イベント・リスナーを作る
        draw(p, sl.value());
    };
    sl.onChange(listener);   // スライダーの値が変わったとき
};
```

あれ？ ヒヨコっとしたらカメは使わない？

ここでは最初に、「スライダー・ウィジェット」を作っ
ています。これは実行画面に表示される仮想的なボリュー
ムのようなもので、マウスでつまみを動かして、数値を入
力することができるものです（図6-1）。

スライダー sl の onChange() 関数に、イベント・リ
スナー listener を渡しています。**イベント・リスナー**
とは、何かが起きたときに、それに応じた処理を行う関数
のことです。ここでは、あなたがスライダーを操作する
と、listener() が呼び出されます（図6-2）。

図 6-1　スライダー・ウィジェット

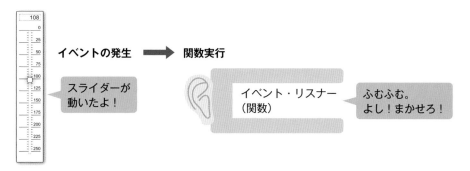

図 6-2　イベント・リスナー（関数）のイメージ

イベント・リスナー listener() は、紙 p とスライダーの値 sl.value() を引数にして、次の
draw() 関数を呼び出しています。

CODE draw() 関数 - chart.js

```
// 絵を描く（紙、スライダーの値）
const draw = function (p, value) {
    p.styleClear().color("Gray").draw();  // 消す
    drawChartRGB(p, value);
//  drawChartXYZ(p, value / 255);
//  drawChartLab(p, value / 255);
//  drawChartYxy(p, value / 255);
};
```

> 関数の呼び出しがコメ
> ントアウトされている
> ね。何かに使うのカモ？

この関数では、背景を「Gray」でクリアしてから、引数の value を drawChartRGB() 関数に渡しています。

 drawChartRGB() 関数 - chart.js

```javascript
// RGB チャートを描く（紙、緑色 0 ～ 255）
const drawChartRGB = function (p, g) {
    for (let y = 0; y < 256; y += 1) {        外側の for 文（変数 y のループ）
        for (let x = 0; x < 256; x += 1) {    内側の for 文（変数 x のループ）
            p.setPixel(x, y, [0, 0, 0]);  // ピクセルの色を設定する
        }                                      R, G, B を表す
    }
};
```

この関数の説明をする前に実行してみましょう。実行すると何が起こるでしょうか？

横 256 ピクセル、縦 256 ピクセルの紙が、黒くぬられたと思います。

実行結果▼

for 文は 3.4 節でも
説明していますよ。

この関数の中では、for 文が二重に使われています。まず、内側にある for 文は、変数 x の値を 0 から 1 つずつ増やして、256 の手前、つまり 255 まで増加させます。一方、外側の for 文では、変数 y の値を 0 から 255 まで変えています。

この変数 x と y の値を使っているのが、p.setPixel() 関数を呼び出す部分です。

カメを使って絵を描くときはあまり意識しませんが、紙の横方向を x 座標、縦方向を y 座標と言います。基本的に、x 座標は左端が 0 で右に行くにつれて増えていきます。y 座標は上端が 0 で下に行くにつれて増えていきます（y 座標は数学とは逆です）。

p.setPixel() 関数は、紙 p の x 座標と y 座標、色を表す RGB の配列を受け取り、指定された座標にピクセル（色の点）を描きます。

最後に、どの関数がどの関数を呼び出しているのかを簡単にまとめましょう（図6-3）。

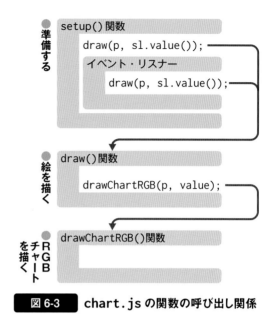

図 6-3 `chart.js` の関数の呼び出し関係

実験クイズ

クイズ 1

それでは、もっとプログラムの内容を理解できるように実験です！ 次のように変えると、何が起こるでしょうか？ 変えてみる前に予想しましょう。

CODE drawChartRGB() 関数 – chart_2.js

```
for (let x = 0; x < 256; x += 1) {
    p.setPixel(x, y, [x, 127, y]);   // ピクセルの色を設定する
}
```

解答選択肢▶ ❶ モノクロのグラデーションが描かれる。
❷ 65536色の色が描かれる。
❸ RGB のすべての色が描かれる。

※答えはクイズ2の終わりにあります。

RGB では、色を3つの値の組み合わせで表現します。それを今は、Rを横（x座標）に、Bを縦（y座標）に対応させて、たくさんの色を描いています。

右に1ピクセル進むごとにRの値が1ずつ増え、下に1ピクセル進むごとにBの値が1ずつ増えます。RGB の残り、G は127に固定しています。R と B がそれぞれ256通りなので、256 × 256 で65536色ですね。

 クイズ 2

3つの値からできる色を座標に対応させるには、本当はもう1つの軸が必要になりますが、ここではスライダーを使って、すべての色を表示してみましょう。

ポイントは、draw() 関数の次の部分です。

CODE draw() 関数 – chart_3.js

```
const draw = function (p, value) {
    p.styleClear().color("White").draw();  // 消す
    drawChartRGB(p, value); •———————— value は 0 ～ 255 の数値を表す
```

スライダーは0から255までの値を取ります。その値を drawChartRGB() 関数に引数として渡しています。

それでは、プログラムを次のように変えます。実行してスライダーを動かすと、何が起こるでしょうか？

CODE drawChartRGB() 関数 – chart_3.js

```
const drawChartRGB = function (p, g) {
    for (let y = 0; y < 256; y += 1) {
        for (let x = 0; x < 256; x += 1) {
            p.setPixel(x, y, [x, g, y]);  // ピクセルの色を設定する
        }
    }
};
```

　引数 g はスライダーの目盛りに対応した 0 〜 255 までの数値です。それを、setPixel() 関数に渡す RGB を作るときに使っています。

　一度に描かれる色は 256 × 256 通り、スライダーを動かして、さらに× 256 通りで、合計約 1677 万色を見ることができます。これが通常、表現できる色のすべてです。

実験クイズ 2 の答え▶ ❷　　**実験クイズ 3 の答え▶** ❸

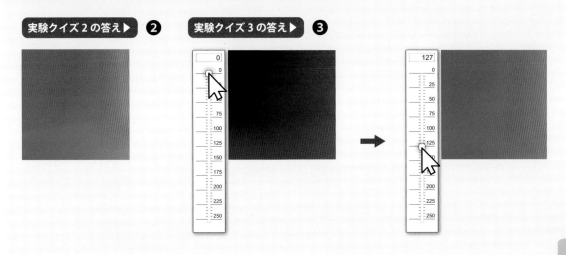

色と色の違い（色差）

　今度は**色の違い**に注目します。ここで学んだことは次の 6.3 節で役立ちますからね！

　それでは、colorDiff.js を開きます。このプログラムは短いので、自分で全体を観察しましょう。ポイントは setup() 関数の上に書かれた次の部分です。

CODE　setup() 関数の上 - colorDiff.js

```
const pairs = [
    [[250, 100, 100], [250, 150, 50]],
    [[100, 250, 100], [150, 250, 50]],
];
```

配列を表す［　］が三重になっていることに気づきましたか？　一番内側はRGBの3つの数値をまとめる配列（RGB）、その外側はRGBを2つまとめる配列（ペア）、一番外側はペアを2つまとめる配列です（pairs）。

それでは実行しましょう。4色にぬられた正方形は描かれましたか？

上段が赤色とオレンジ色、下段が緑色と黄緑色の2つの色のペアになっています。RGBで表すと、上段の色のペアは、左が［250，100，100］、右が［250，150，50］です。下段の色のペアは、［100，250，100］、［150，250，50］となっています。

色の違い、**色差**は人間が色を知覚したときの「違う」という感覚だとしましょう。ここでクイズです。先ほどの実行結果のどちらのペア（上段と下段）の方が、色に差があるでしょうか？

この2つのペアの色の差を次の式で計算してみましょう。RGBの各値のそれぞれの差を2乗して、足し合わせたもののルートを取ります。これは2点間の距離の公式と同じですね（図6-4）。

それでは、実験クイズで実際に計算してみましょう。

Rが250だと赤っぽくて、Gが250だと緑っぽいってことだな！

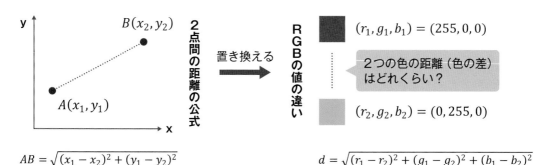

$$AB = \sqrt{(x_1 - x_2)^2 + (y_1 - y_2)^2}$$

2点間の距離の公式

置き換える

RGBの値の違い

$(r_1, g_1, b_1) = (255, 0, 0)$

2つの色の距離（色の差）はどれくらい？

$(r_2, g_2, b_2) = (0, 255, 0)$

$$d = \sqrt{(r_1 - r_2)^2 + (g_1 - g_2)^2 + (b_1 - b_2)^2}$$

図6-4　RGBの色の差の計算

次のプログラムでは、for 文で配列 pairs に入っているペア（配列）を取り出し、定数 pair として、その要素の 0 番目と 1 番目の色の差を求めています。RGB で色の差を計算したとき、どちらのペアの方が、違いは大きいでしょうか？

🖥 **setup() 関数 – colorDiff_2.js**

```
const setup = function () {
    // 紙を作って名前を「p」に
    const p = new CROQUJS.Paper(256, 256);
    draw(p);

    for (const pair of pairs) {
        const d_rgb = VISION.distance(pair[0], pair[1]); ━━━ 色の差を計算
        console.log(d_rgb); ━━━━━━━━━━━━━━━━━━━━━━━━━━ コンソール出力
    }
};
```

VISION.distance()
は RGB の 2 点間の距離
を計算する関数です。

正解選択肢▶ ❶ 上段ペアも下段ペアも、色の差は同じ。
❷ 上段ペアの方が、色の差が大きい。
❸ 下段ペアの方が、色の差が大きい。

それではプログラムを変えて実行しましょう。コンソール出力に数値が 2 つ表示されるはずです。

実行結果▶
```
22              const d_rgb = VISION.distance(pair[0], pair[1]);
23              console.log(d_rgb);
```
`2 70.71067811865476`

コンソール出力では、完全に同じ内容が出力されると、それらが 1 つにまとめられて表示され、まとめられた個数が各行の最初に表示されます（緑色の部分）。ここでは、70.71067811865476 という数値が 2 回出力されました。

違和感はありませんか？ 両方とも黄緑色の下段ペアよりも、赤色と

あれ？！ カッコウ
違うと思ったのに
な！

オレンジ色の上段ペアの方が、違って見えますよね？ ところが、計算した色の差は同じです。

　実は RGB で求めた色の差は、人間の感覚とは異なることが知られています。逆に言うと、**人間が知覚する色差は RGB からは計算できない**ということです。

実験クイズ 3 の答え▶ ❶

L*a*b*

　知覚する色差を計算で求められるような色の表現方法があります。それが、**L*a*b*（エルスター・エイスター・ビースター）** 表色系です。

　L*a*b* でも色は 3 つの数値の組み合わせで表されますが、それぞれの意味は異なります。1 つ目 L* は明るさを表し、0 ～ 100 の範囲です。2 つ目と 3 つ目の a* と b* は色合いを表し、-128 ～ 128 程度の範囲です。a* と b* はマイナスになることもあります。

Column

L*a*b*のチャートを見る

この章の最初で使ったchart.jsには、L*a*b*のチャートを表示する関数が用意されています。drawChartRGB(p, value)をコメントアウトし、drawChartLab(p, value / 255);のコメントを外します。

スライダーを動かすと、明るさL*が0～100の範囲で変わり、チャートの中心が黒色から白色に変化することが確認できます。色のない部分（外側のグレーの部分）は、計算上L*a*b*では存在するがRGBでは表現できない色の範囲です。

クイズ **4**

　L*a*b* で色差を計算しましょう。プログラムを次のように変更します。

setup() 関数 – colorDiff_3.js

```
const setup = function () {

〜〜〜〜〜〜〜〜〜〜〜〜〜〜〜〜〜〜〜〜〜〜〜〜〜〜

    for (const pair of pairs) {
        const d_rgb = VISION.distance(pair[0], pair[1]);
        console.log(d_rgb);
        const lab0 = COLOR.convert(pair[0], "rgb", "lab");  ← L*a*b* に変換
        const lab1 = COLOR.convert(pair[1], "rgb", "lab");  ← L*a*b* に変換
        const d_lab = VISION.distance(lab0, lab1);  ─────── 色差を計算
        console.log(d_lab);  ──────────────────────── コンソール出力
    }
};
```

追加した最初の2行で、COLOR.convert() 関数を使って、ペアの色をそれぞれ RGB から L*a*b* に変換しています。それでは、L*a*b* で比較すると、どうなるでしょうか？

解答選択肢▶
❶ 上のペアも下のペアも、色の差は同じ。
❷ 上のペアの方が、下のペアよりも色の差が大きい。
❸ 下のペアの方が、上のペアよりも色の差が大きい。

実行結果▶

```
23        console.log(d_rgb);
24        const lab0 = COLOR.convert(pair[0], "rgb", "lab");
25        const lab1 = COLOR.convert(pair[1], "rgb", "lab");
26        const d_lab = VISION.distance(lab0, lab1);
27        console.log(d_lab);
```

70.71067811865476 上段をRGBで
44.74381208853939 上段をL*a*b*で   計算した色の差
70.71067811865476 下段をRGBで
22.031953258862558 下段をL*a*b*で

色差がわかるということは、似ている色がわかるということです。次の節からはそれを利用して、面白いプログラムを作ってみましょう！

実験クイズ4の答え▶ ❷

色を表現しよう

143

色見本帳を作ろう

ここからは、パソコンに付いているカメラを使います。パソコンにカメラが付いていない場合は、ウェブカメラを接続しましょう。カメラで画像を撮影し、クリックした場所が何色なのかを教えてくれるプログラムを作るのが目標です！

ワタシが何色なのか、わかるカモ！

プログラムの観察

本章ではここまでで、2つのプログラム、chart.js と colorDiff.js を使って実験してみました。ここからは、また新しいサンプル・プログラムを使います。

サンプル・プログラムの swatch.js を開きます。1つ目の関数は setup() です。

 setup() 関数 - swatch.js

```
// 準備する
const setup = function () {
    // 紙を作って名前を「p」に
    const p = new CROQUJS.Paper(320, 320);
    // カメラを作って名前を「cam」に
    const cam = new SENSOR.Camera(320, 240);  •─── 320, 240 は撮影画像サイズ
    cam.start();
    const ps = { cam, pause: false };  // 部品をまとめる

    p.onMouseClick((x, y) => { mouseClicked(p, x, y); });  // マウスがクリッ↵
クされたとき
    p.animate(draw, [p, ps]);  // アニメーションする
};
```

ここではセンサー・ライブラリ（SENSOR）の Camera を作っています。この関数の最後では、次に説明する draw() 関数を（間接的に）呼び出すように指定しています。

CODE draw() 関数 - swatch.js

```javascript
// 絵を描く（紙、部品）
const draw = function (p, ps) {
    if (ps.pause === true) {              // 〔ps.pause が true〕のときは……
        return;
    }
    p.styleClear().color("White").draw();   // 消す
    p.drawImage(ps.cam.getImage(), 0, 0);   // カメラ画像を描く
};
```

この関数では、画像をカメラから取得し、紙に描いています。プログラムを実行して、カメラの動作を確認してみましょう。

実行結果 ▶

ここに
カメラの映像

Croqujsからカメラ
使用の許可を求めら
れたときは、OK し
てくださいね。

次の関数、mouseClicked() は、カメラで取得した画像が描かれている紙 p をクリックしたときに呼び出される関数です。

CODE mouseClicked() 関数 - swatch.js

```javascript
// マウスがクリックされた（紙、x 座標、y 座標）
const mouseClicked = function (p, x, y) {
    const ruler = p.getRuler();   // 定規をもらう
    const rgb = p.getPixel(x, y);   // ピクセルの色を取得する
    checkColor(rgb);
};
```

ここでは、クリックされた座標の色を取得し、次の checkColor() 関数に渡しています。

checkColor()関数 - swatch.js

```javascript
// 色を調べる (RGB)
const checkColor = function (rgb) {
    console.log("RGB", rgb);
    const lab = COLOR.convert(rgb, "rgb", "lab");
    console.log("Lab", lab);
};
```

checkColor() 関数では、引数として受け取った RGB の値を、まずはそのままコンソール出力します。そして、L*a*b* に変換して、それもコンソール出力しています。

最後に getAverageColor() 関数がありますが、今はまだ中身がありません。

カメラで画像を撮影しよう

setup() 関数でボタンを追加して、ボタンを押したら、カメラの画像の動きが止まるようにしましょう。

> これワ、シャッターなのカモ？

 setup()関数 - swatch_2.js

```javascript
    const ps = { cam, pause: false };   // 部品をまとめる

    const btn = new WIDGET.Toggle("S"); ←——— トグル・ボタンを作る
    btn.onClick((state) => { •————————— ボタンがクリックされたとき
        ps.pause = state; •————————— ps.pause をボタンの状態 state にする
    });
    p.onMouseClick((x, y) => { mouseClicked(p, x, y); });   // マウスがクリッ↵
クされたとき
    p.animate(draw, [p, ps]);   // アニメーションする
};
```

実行したら、ボタンを押して写真を止めて、画像の上をクリックしてみましょう。コンソール出力に、色を表す数値が表示されます。

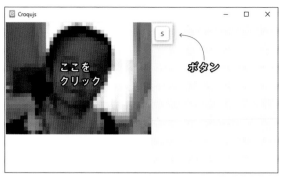

実行画面の様子

checkColor() 関 数 では、RGB と L*a*b* の２種類をコンソール出力していましたね。

```
swatch.js — Croqujs
44    // 色を調べる
45    const checkColor = function (rgb) {
46        console.log('RGB', rgb);
47        const lab = COLOR.convert(rgb, 'rgb', 'lab');
48        console.log('Lab', lab);
49    };
50
```

```
RGB, [75, 60, 69, 255]
Lab, [27.178549025655208, 8.346804814362368, -3.031880850096902]
RGB, [23, 9, 36, 255]
Lab, [4.56085871077148, 11.858516444457276, -14.78752042890535]
```

コンソール出力の例

色見本との色差

　ある基準の色（色見本）との距離（色差）を求めて表示しましょう。基準の色は、わかりやすいように RGB で用意して、それをあらかじめ L*a*b* に変換しておきます。

CODE checkColor() 関数 – swatch_3.js

```
const checkColor = function (rgb) {
～～～～～～～～～～～～～～～～～～～～～～～～～～～～

    console.log("Lab", lab);
    const rgbRed = [255, 0, 0];                              ────────── RGB の赤色を……
    const labRed = COLOR.convert(rgbRed, "rgb", "lab");      ───── L*a*b* に変換
    const deRed = VISION.distance(lab, labRed);             ──────── 色差を求める
    console.log(deRed);
};
```

147

これで「赤色との色差を計算するアプリ」が完成しました！

さらに checkColor() をいろいろと変えてみましょう。例えば、青色と赤色のどちらに近いかを判定するには、次のように書き加えます（**実際には変更しなくても OK です**）。

 checkColor()関数 – swatch_4.js

```
const checkColor = function (rgb) {

    const deRed = VISION.distance(lab, labRed);
    console.log(deRed);
    const rgbBlue = [0, 0, 255];
    const labBlue = COLOR.convert(rgbBlue, "rgb", "lab");
    const deBlue = VISION.distance(lab, labBlue);
    console.log(deBlue);

    if (deRed < deBlue ) {          ——〔deRed が deBlue より小さい〕ときは……
        console.log("red?");
    } else {          ——〔そうでない〕ときは……
        console.log("blue?");
    }

};
```

> 実際に変更してもいいですし、どのように動くのかを予想するだけでもいいですよ。

実行結果▶

```
RGB , [155, 42, 82, 255]   赤っぽい色をクリックしたときの    RGB値
Lab, [ 36.4342983723961, 49.31445825417266, 3.515909935…  L*a*b*値
72.70265240843483                                      基準の赤色との色差
red?                                                   判定結果
RGB , [78, 164, 255, 255]  青っぽい色をクリックしたときの    RGB値
Lab, [ 66.04878725368005, 2.8708404120784126, -52.68425…34 ] L*a*b*値
143.17773408707677                                     基準の赤色との色差
blue?                                                  判定結果
```

さて、基準の色が 1 色や 2 色では、色見本帳としては面白くないですよね？ そこで、たくさんの色を登録しておいて、その中から一番近い色を表示するようにしてみましょう。

まず、setup() の上、関数の外側で色を登録する colors というオブジェクトを作成します。「:（コロン）」の左側が色の名前、右側が L*a*b* での色となります。先ほどの赤色と青色のときと同様に、COLOR.convert() 関数を使って、RGB から L*a*b* に変換しておきます。

```
// @need lib/sensor ●─────────── ライブラリを指定する部分の最後の行

const colors = { ●─────────── これはすでに書いてあるはず
    red: COLOR.convert([255, 0, 0], "rgb", "lab"),
    blue: COLOR.convert([0, 0, 255], "rgb", "lab"),
}; ●─────────── これもすでに書いてあるはず

// 準備する
```

次に checkColor() 関数の中で、用意したすべての色とクリックした位置の色をすべて比較
し、その距離が一番短いものを探すように書き換えます。

 checkColor() 関数 – swatch_5.js

```
const checkColor = function (rgb) {
    console.log("RGB", rgb);
    const lab = COLOR.convert(rgb, "rgb", "lab");
    console.log("Lab", lab);

    let dist = 10000; ●─────────── 仮に最短距離を大きな値に
    let name = "none"; ●─────────── 仮に近い色の名前は「none」に
    for (const [n, c] of Object.entries(colors)) { ●── 色見本でループ
        const d = VISION.distance(lab, c); ●── 色見本 c との距離 d を計算
        if (d < dist) { ●─────────── 〔d が最短距離より小さい〕ときは……
            dist = d; ●─────────── 最短距離を d に更新
            name = n; ●─────────── 近い色の名前を n に更新
        }
    }
    console.log(name);
    return colors[name];
};
```

ポイントは、for (const [n, c] of Object.entries(colors)) { の部分です。このように書くと、for() 文の中で、オブジェクト colors の各プロパティのキーと値が、定数 n、定数 c として使えるようになります。例えば、繰り返し 1 回目は、n が「red」で、c が赤色を表す L*a*b* の配列、2 回目は、n が「blue」で、c が青色を表す L*a*b* の配列、となります。

for 文の中では、クリックした色（L*a*b に変換したもの）と、各基準の色との距離 d を求め、もし、d が dist よりも小さかったら、dist を d に、name を n に更新します。すると、for 文が終わるころには、name に一番距離の近い色の名前がセットされています。

for-of 文を使ってオブジェクトの要素を使う方法は 3.5 節にありますよ。

改造レシピ

ここから、自分でプログラムを改造しましょう。プログラムを少し変えるだけで、いろいろな変化を楽しめるのが**改造レシピ**です。どれから取り掛かっても OK です。

レシピ 1 いろいろ見分ける

赤色と青色だけでなく、ほかの色も見分けられるようにオブジェクト colors に色を追加しましょう。ここに上げた色の値（RGB）は例ですので、自分で好きなように調整します。

CODE setup() 関数の上 – swatch_r1.js

自分で好きな色を足してみよう！ 何ごともチョウ戦だな！

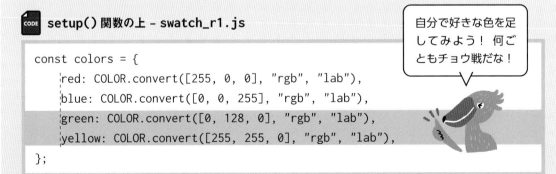

```
const colors = {
    red: COLOR.convert([255, 0, 0], "rgb", "lab"),
    blue: COLOR.convert([0, 0, 255], "rgb", "lab"),
    green: COLOR.convert([0, 128, 0], "rgb", "lab"),
    yellow: COLOR.convert([255, 255, 0], "rgb", "lab"),
};
```

レシピ **2**　　クリックした場所の色

　調べている色をわかりやすくするために、マウスでクリックしたときに、紙にその色の四角形を描きます。

CODE mouseClicked()関数 – swatch_r2.js

```
const mouseClicked = function (p, x, y) {
    const ruler = p.getRuler();   // 定規をもらう
    const rgb = p.getPixel(x, y);   // ピクセルの色を取得する
    ruler.fill().rgb(...rgb);
    ruler.rect(0, 280, 40, 40).draw("fill");
    checkColor(rgb);
};
```

　ruler.rect(0, 280, 40, 40) の最初の 2 つの数字は x 座標と y 座標、残りの 2 つの 40 は横幅と縦幅です。自分で調節してみましょう。

実行結果例▶

ここを
クリック

クリックした場所の色

 レシピ **3**　　見つけた見本の色

　基準の色（色見本）自体の色を確かめられるように、見つけた基準の色の四角形を描きます。checkColor() 関数の最後の行で見つけた基準の色を return していたので、それを使います。

Chapter 06

色を表現しよう

151

mouseClicked() 関数 – swatch_r3.js

```
const mouseClicked = function (p, x, y) {
    〜〜〜〜〜〜〜〜〜〜〜〜〜〜〜〜〜〜〜〜〜〜〜〜〜〜〜〜〜〜〜〜〜

    ruler.rect(0, 280, 40, 40).draw("fill");
    const labSample = checkColor(rgb);

    const rgbSample = COLOR.convert(labSample, "lab", "rgb");
    ruler.fill().rgb(...rgbSample);  ←──── 配列 rgbSample の色を関数の引数に展開
    ruler.rect(80, 280, 40, 40).draw("fill");
};
```

実行結果例▶

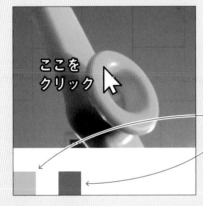

ここを
クリック

クリックした場所の色

一番近い基準の色

 **平均の色**

このレシピは、レシピ2、3を終えてから取り組みます。

　クリックしたところから上下2ピクセル、左右2ピクセルの範囲（5
×5ピクセル）の平均を求める関数を新しく作ります（図6-5）。そし
て、その関数を、マウスがクリックされたときに、p.getPixel() 関
数の代わりに呼び出します。ピクセルの範囲は自分で自由に変えてみま
しょう。

色の平均って計算
できるのか！ チョ
ウびっくりした！

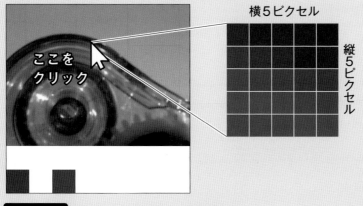

横5ピクセル

縦5ピクセル

ここを
クリック

図6-5 25ピクセルを平均した色の表示

　プログラムを入力するのはこれまで空だったgetAverageColor()関数です。また
mouseClicked()関数も変えます。

CODE getAverageColor()関数 – swatch_r4.js

```javascript
const getAverageColor = function (p, x, y) {
    let r = 0;
    let g = 0;
    let b = 0;
    for (let t = -2; t < 3; t += 1) {
        for (let s = -2; s < 3; s += 1) {
            const rgb = p.getPixel(x + s, y + t);
            r = r + rgb[0];
            g = g + rgb[1];
            b = b + rgb[2];
        }
    }
    return [r / 25, g / 25, b / 25]; ——— 5×5ピクセルの平均なので25で割る
};
```

> for文の変数がマイ
> ナスからスタートし
> ていますね。変数tも
> sも-2、-1、0、1、
> 2と変化しますよ。

mouseClicked() 関数 – swatch_r4.js

```
const mouseClicked = function (p, x, y) {
    const ruler = p.getRuler();  // 定規をもらう
    const rgb = getAverageColor(p, x, y);
```

実行結果例▶

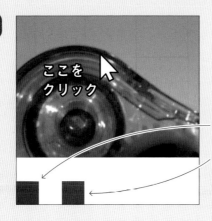

ここを
クリック

クリックした場所の
周辺の色の平均

一番近い基準の色

SECTION 6.4 本章のまとめ

本章は色のしくみがテーマでした。はじめの 6.1 節では目がどのように色を感じるのかについて学びました。6.2 節からは色の実験をしたり、カメラで撮影した画像の色を調べるプログラムを作ったりしました。最後に学んだ内容をまとめておきましょう。

たくさん入力したな！よくガンばった！

■ 目の奥の網膜には 3 種類の錐体細胞があり、それぞれ波長の異なる光を感じます。

■ 錐体細胞から得た 3 種類の波長の光の強さをもとに、脳がその組み合わせを色として認識します。

■ カラー・ライブラリを使うと、RGB で表現された色を L*a*b* の表現に変換できます。

■ 色差を求めるには L*a*b* で色の距離を求めます。

最後に、swatch.js にすべての改造を適用した場合のプログラムを掲載します。実行して、いろいろな色を調べてみましょう。

 swatch_all.js

```js
const colors = {
    red: COLOR.convert([255, 0, 0], "rgb", "lab"),
    blue: COLOR.convert([0, 0, 255], "rgb", "lab"),
    green: COLOR.convert([0, 128, 0], "rgb", "lab"),
    yellow: COLOR.convert([255, 255, 0], "rgb", "lab"),
    brown: COLOR.convert([127, 63, 0], "rgb", "lab"),
    purple: COLOR.convert([255, 0, 255], "rgb", "lab"),
    orange: COLOR.convert([255, 127, 0], "rgb", "lab"),
    pink: COLOR.convert([255, 127, 255], "rgb", "lab"),
    white: COLOR.convert([255, 255, 255], "rgb", "lab"),
    gray: COLOR.convert([127, 127, 127], "rgb", "lab"),
```

—— レシピ 1

Chapter 06

色を表現しよう

```
    black: COLOR.convert([0, 255, 0], "rgb", "lab"),
};

// 準備する
```

~~~

```
// マウスがクリックされた（紙、x座標、y座標）
const mouseClicked = function (p, x, y) {
    const ruler = p.getRuler();  // 定規をもらう
    const rgb = getAverageColor(p, x, y);  •─────────── レシピ4
    ruler.fill().rgb(...rgb);
    ruler.rect(0, 280, 40, 40).draw("fill");  ─────────── レシピ2
    const labSample = checkColor(rgb);  •─────────── レシピ3

    const rgbSample = COLOR.convert(labSample, "lab", "rgb");
    ruler.fill().rgb(...rgbSample);
    ruler.rect(80, 280, 40, 40).draw("fill");
};

// 色を調べる（RGB）
const checkColor = function (rgb) {    省略    };

// 平均色を計算する（紙、x座標、y座標）
const getAverageColor = function (p, x, y) {
    let r = 0;
    let g = 0;
    let b = 0;
    for (let t = -2; t < 3; t += 1) {
        for (let s = -2; s < 3; s += 1) {
            const rgb = p.getPixel(x + s, y + t);
            r = r + rgb[0];                              ─── レシピ4
            g = g + rgb[1];
            b = b + rgb[2];
        }
    }
    return [r / 25, g / 25, b / 25];
};
```

156

chapter 07

音や声を作ろう

普段、音を耳で聞いていたとしても、音の様子を目で見て観察したことはあるでしょうか？ コンピューターがあれば、音の波形も簡単に観察できます。プログラミングで音を観察したり、音を作ったり。声だって作れますよ！

7.1 音のしくみ

くちばしが〜♪　広いから〜♪　はしびろ〜♪
どうだい、ワタシの歌声は？　トリは声が命だからな！

急に歌い始めましたが、どうしましたか？　あれ、トリ肌が……ブルブル。ところで、音ってなんだか知っています？

なんだかこの流れ、ほかでもあったな！　っていうか、震えるなよ！

音というのは目には見えないので、意外とよく知りません。そんな音に注目したサイエンスとプログラミングをどうぞ！

音のひみつ

身の回りにはさまざまな音があふれています。音楽鑑賞のように聞いて楽しむ音や、騒音のような不快な音もあります。音とは一体何でしょうか？

スピーカー

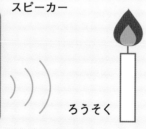

ろうそく

← 音の正体

大きな音を出しているスピーカーの前に火をつけたろうそくを置くと、音に合わせて炎が揺れ動きます。このとき炎を振動させているもの、空気の振動が音の正体です。

→ 音を特徴づけるもの

音の要素は、音の大きさを表す**"振幅"**と、音の高さを表す**"周波数"**です。音の"波形"を見たとき、波の高さが振幅、1秒間当たりの波の数が周波数です。

周波数（1秒間の波の数）

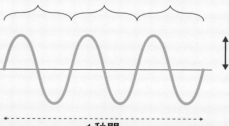

振幅（波の高さ）

1秒間

音の観察

プログラム scope.js を実行して、パソコンに向かって何か音を出してみましょう。出した音の波形とスペクトルが画面に表示されます。

→ スペクトルとは何か

音の波形は、いろいろな周波数の波が重なってできています。その波形がどのような周波数の波からできたのか、**周波数の成分**を表すのがスペクトルです。含まれている周波数のより強いところに、より高い山ができます。

スペクトル

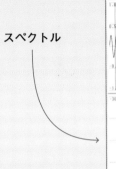

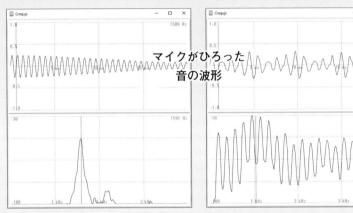

マイクがひろった
音の波形

↑ 口笛を吹く

波形は単純な波線になります。スペクトルには、細い山がほぼ1つだけできます。

↑ あーーー！

「あーーー！」と言い続けると、波形は複雑になります。スペクトルには、山がいくつもできます。

Column

音程を感じる

スペクトルに等間隔な山が現れる音には、音程（例えば、ドやレやミ）を感じます。逆に言うと、音程を感じる音には、等間隔の山があります。このとき、一番最初（低い）山の周波数を、その音の音程として認識します。

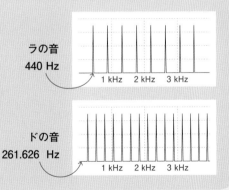

ラの音
440 Hz

1 kHz 2 kHz 3 kHz

ドの音
261.626 Hz

1 kHz 2 kHz 3 kHz

音のしくみがわかっていろいろな音を観察したら、今度は"音を作って"みたいですよね？ プログラミングでいろいろな実験をしてから、**さまざまな音と声を出して演奏できるプログラム**を作りますよ！

音をプログラムで作ろう

プログラムの観察

サンプル・プログラムの tone.js を開いて、まずは実行してみましょう。

この章では3つのサンプル・プログラムを使います。どれを開くのかをお間違えなく！

> 注意
> この章のプログラムは、実行すると音が出ます。スピーカーの音量に注意しましょう。もし深夜なら、ヘッドフォンをつなげておくと安心です。

紙（白い四角形）をマウスでクリックしたまま（左ボタンを押したまま）にします。すると画面には、横軸に 5ms、10ms と書かれた波形のグラフと、横軸に 1kHz、2kHz と書かれたスペクトルのグラフが表示されるはずです。

実行結果▶

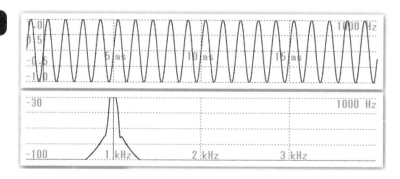

今は周波数 1000 [Hz] の**サイン波**だけを出しているので、スペクトルの 1000 [Hz] のところだけがポンと高くなっています。サイン波は、シンプルな波型の波形をしていて、1 つの周波数の音だけから作られる、音の中で一番純粋な音です。

なお、実行すると画面にスライダー・ウィジェット（仮想的なボリュームのようなもの）が 2 つ表示されますが、今はまだ使いません。

それでは、プログラムの全体を見てみましょう。**関数**を確認していきますが、まずは、使っている**ライブラリ**に注目です。

```
// シンセ、パッチ、アナライザー・ライブラリを使う
// @need lib/synth lib/patch lib/analyzer
```

シンセ・ライブラリ（SYNTH）には音を出す基本的な部分、パッチ・ライブラリ（PATCH）には音を出す部品がたくさん入っています。アナライザー・ライブラリ（ANALYZER）には音声の波形や、スペクトルを表示するウィジェットが含まれています。

続いて関数を見ていきましょう。1つ目の関数は setup() です。前半から見ましょう。

 setup() 関数の前半 - tone.js

```
// 準備する
const setup = function () {
    // シンセを作って名前を「s」に
    const s = new SYNTH.Synth();
    // 波形スコープを作って名前を「ws」に
    const ws = new ANALYZER.WaveformScope(500, 100);
    // スペクトル・スコープを作って名前を「ss」に
    const ss = new ANALYZER.SpectrumScope(500, 100);
    // スライダーを作って名前を「sl0 ～ sl1」に
    const sl0 = new WIDGET.Slider(0, 100);
    const sl1 = new WIDGET.Slider(0, 1000);
    // 楽器を作る
    const inst = make(s, ws, ss);
```

あれ？ ヒヨコっとしたらカメを使わないのかな？

後半に続く

関数の前半では、まず、音を出す基本の部品であるシンセを作っています。これは、音を使った実験をするときの実験キットのようなものだと考えてください。そして、波形スコープ、スペクトル・スコープ、そしてスライダーのウィジェットを作っています。

次に、シンセ s と 2 つのスコープ ws、ss を引数として make() 関数を呼び出しています。この関数については後ほど説明します。

続いて、setup() 関数の後半です。まず、「紙」を作って白色でクリアしています。この紙をマウスでクリックすると音が出るようにするのです。

setup( ) 関数の後半 - tone.js

～～～～～～～～～～～～～～ 前半から続く ～～～～～

```
    // 紙を作って名前を「p」に
    const p = new CROQUJS.Paper(200, 200);
    p.styleClear().color("White").draw();  // 消す
    p.onMouseDown(function (x, y) {  // ボタンが押されたとき
        play(inst, s.time());
    });
    p.onMouseMove(function (x, y) {  // マウスが動いたとき
        tune(inst, s.time(), 1, 1000);
    });
    p.onMouseUp(function () {  // ボタンが離されたとき
        stop(inst, s.time());
    });
};
```

> 1 行 ず つ play、tune、stop と書いてありますよね? ここでは、マウスで演奏する楽器を作るのです!

コメントにあるように、マウスの操作に応じたイベント処理を行うように設定しています。紙の上でマウスのボタンを押すと音が鳴り、マウスを動かすと音の設定が変更され、ボタンを離すと音が止まるのです。

2つ目の関数は make()、「楽器を作る」関数です。

 make( ) 関数 - tone.js

```
// 楽器を作る（シンセ、波形スコープ、スペクトル・スコープ）
const make = function (s, ws, ss) {
    // オシレーター・パッチを作る
    const osc = s.makeOsc({ type: "sine" });

    // スコープ・パッチを波形用、スペクトル用それぞれ作る
    const wave = s.makeScope({ widget: ws });
    const spec = s.makeScope({ widget: ss });

    // パッチをつなげる
    s.connect(osc, wave, spec, s.speaker());
    // まとめて返す
    return { osc };
};
```

この関数では、3つの仮想的な装置（パッチ）を作っています。まずはオシレーター（osc）です。オシレーターとはブザーのような単純な音を発生させる装置のことです。

オシレーターで発生した音の信号が順番に流れていくイメージです。

次はスコープです。スコープは音の波形やスペクトルを見る（実行画面に表示させる）ための装置で、ここでは波形用とスペクトル用に2つ（waveとspec）作っています。

そして作った3つの仮想的な装置はつながれて、最終的にスピーカー（s.speaker()）と接続されます。これで、オシレーターから出た音の信号を2種類のスコープで観察しながら、スピーカーで音として聞くことができるのです（図7-1）。

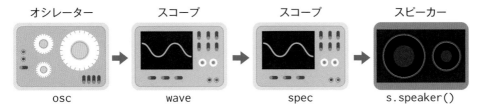

オシレーター　　　　スコープ　　　　スコープ　　　　スピーカー

osc　　　　　wave　　　　　spec　　　　s.speaker()

図7-1 **tone.js のパッチの接続の様子**

最後にオシレーター osc をオブジェクトとして返しています。次の関数、play() に進みましょう。

ここでのオブジェクトの作り方は、3.5節の「オブジェクトの便利な作り方」を見てくださいね。

CODE **play() 関数 - tone.js**

```
// 楽器を鳴らす（楽器、時刻）
const play = function (inst, t) {
    inst.osc.play(t);  // 時刻 t に再生する
};
```

この関数は、作った楽器を演奏する関数です。引数として make() で作られたオブジェクト inst と時刻 t をもらいます。

inst.osc（オブジェクト inst が保持するオシレーター osc）の関数 play() を呼び出すと、音が鳴ります！本章で出てくる、音を鳴らしたり止めたり、音の設定を変えたりする関数は、すべて時刻の指定が必要となります。

時刻 t を指定することによって、正確なタイミングでの音のコントロールができるんです。

次の関数、tune() は、楽器にゲイン（音量）と周波数（音程）を設定します。

CODE tune() 関数 - tone.js

```
// 楽器を設定する（楽器、時刻、ゲイン、周波数）
const tune = function (inst, t, g, f) {
    inst.osc.gain(g, t);  // 時刻 t にゲインを g にする
    inst.osc.freq(f, t);  // 時刻 t に周波数を f にする
};
```

引数として、make() で作られたオブジェクト inst、時刻 t、ゲイン（音量）g、周波数 f をもらいます。そして、オシレーター inst.osc に周波数とゲインを設定します。

最後の関数、stop() は、楽器の演奏を止める、すなわち音を止める関数です。

CODE stop() 関数 - tone.js

```
// 楽器を止める
const stop = function (inst, t) {
    inst.osc.stop(t);  // 時刻 t に停止する
};
```

オシレーター inst.osc の関数 stop() を、時刻 t を指定して呼び出しています。

ここで、どの関数がどの関数を呼び出しているのかをまとめてみましょう（図7-2）。

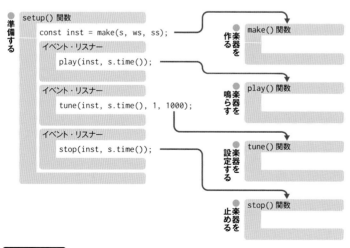

図7-2 tone.js の関数の呼び出し関係

実験クイズ

ここから実験をして
いくわけですが、この
章では、プログラム
「で」実験をします。

 クイズ 1

それでは、この簡単なプログラムを使って実験しましょう！

setup() 関数の中の数字を変えてみましょう。下のように、もと
もと 1 だったゲインを 0.5 に、1000 だった周波数を 440 に変えま
す。音はどのように変わるのかを予想しましょう。

CODE setup() 関数 - tone_2.js

```
p.onMouseMove(function (x, y) {  // マウスが動いたとき
    tune(inst, s.time(), 0.5, 440);
});
```

正解選択肢▶

❶ 音量は大きく、音程は高くなる。
❷ 音量は小さく、音程は高くなる。
❸ 音量は小さく、音程は低くなる。

自分でいろいろと
数値を変えてみる
とよいですよ。

それでは実行しましょう。波形とスペクトルはどう変化したでしょう
か？ 数値を変えることで音を変えました。ゲインを変えると音の大き
さが変わり、周波数を変えると音の高さが変わります。

実験クイズ 1 の答え▶ ❸

マウスでテルミン

音を変えるたびに数
字を入れるのはめん
ドリくさいな！

音をいろいろと変化させてみたいのですが、毎回プログラムの数字
を変えるのは面倒ですよね？ そこで、マウスを使って、音の設定を
変えられるようにします。

テルミンは、本体から伸びるアンテナに手を近づけたり遠ざけたりすることで、音量と音程をコントロールして演奏する、世界最古の電子楽器です。ここで作るプログラムは、手の代わりにマウスを使って演奏する楽器のようなものです。

📄 **CODE** setup() 関数 - tone_3.js

```
const setup = function () {
〜〜〜〜〜〜〜〜〜〜〜〜〜〜〜〜〜〜〜〜〜〜〜〜〜〜〜〜〜〜
    p.onMouseDown(function (x, y) {   // ボタンが押されたとき
        play(inst, s.time());
    });
    p.onMouseMove(function (x, y) {   // マウスが動いたとき
        const freq = CALC.map(x, 0, 200, 0, 1000);
        const gain = CALC.map(y, 200, 0, 0, 1);
        tune(inst, s.time(), gain, freq);
    });
    p.onMouseUp(function () {   // ボタンが離されたとき
        stop(inst, s.time());
    });
};
```

マウスが動いたときに、CALC.map() 関数を使って、x座標の 0 〜 200 を周波数の 0 〜 1000 に、y 座標の 0 〜 200 をゲインの 0 〜 1 に変換し、tune() 関数を呼び出しています（図 7-3）。

実行したら、紙の上でマウスを動かし、ボタンを押してみましょう。ゲインと周波数と聞こえる音の関係はわかりましたか？

図 7-3 座標と対応する音の特徴

サイン波の合成と不協和音

もっと複雑な音を作るにはどうしたらよいでしょうか？ いろいろな波形を観察しましょう。make() 関数でオシレーターを作る部分を、次のように変えます。

CODE make() 関数 - tone_4.js

```
const make = function (s, ws, ss) {
    // オシレーター・パッチを作る
    const osc = s.makeOsc({ type: "sawtooth" });
```

　では、実行してみましょう。違う音が聞こえましたか？
「sawtooth」は「ノコギリの歯」という意味です。スペクトルにも
注目です。等間隔にいくつも細い山が見えますよね？ すべて一番低
い周波数の**整数倍**になっているはずです。

　サイン波（スペクトルの細い山が１つ）の音が基本となって、そ
れを組み合わせることによっていろいろな音ができているというこ
とが、これで観察できます。

波形がノコギリの歯の
形に似ていますよね。

クイズ 2

　オシレーターを増やして、複数のサイン波を組み合わせてみましょう。make() 関数のオシレー
ターを作成している部分をコピーします（図7-4）。

 CODE make() 関数 - tone_5.js

```
const makeInst = function (s, ws, ss) {
    // オシレーター・パッチを作る
    const osc = s.makeOsc({ type: "sine" });      ———————— sine に戻す
    const osc2 = s.makeOsc({ type: "sine" });
```

```
    // パッチをつなげる
    s.connect([osc, osc2], wave, spec, s.speaker());    ———— [ ] を忘れずに
    // まとめて返す
    return { osc, osc2 };
};
```

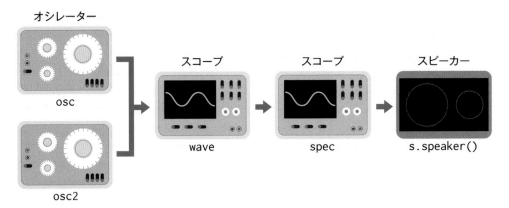

図7-4 実験クイズ2のパッチの接続の様子

play() 関数も少し変えて、追加した osc2 の音も鳴らすようにします。

CODE play() 関数 - tone_5.js

```
const play = function (inst, t) {
    inst.osc.play(t);   // 時刻 t に再生する
    inst.osc2.play(t);
};
```

さらに tune() 関数も変えます。引数を追加しています。そして、追加した osc2 のゲインと周波数を設定しています。

CODE tune() 関数 - tone_5.js

```
const tune = function (inst, t, g, f, g2, f2) {  ←―――引数を追加
    inst.osc.gain(g, t);   // 時刻 t にゲインを g にする
    inst.osc.freq(f, t);   // 時刻 t に周波数を f にする
    inst.osc2.gain(g2, t);
    inst.osc2.freq(f + f2, t);  ←――――― osc2 の周波数を osc より f2 だけ大きく
};
```

stop() 関数も 1 行増やし、両方のオシレーターを止めるようにします。

 stop() 関数 - tone_5.js

```
const stop = function (inst, t) {
    inst.osc.stop(t);  // 時刻 t に停止する
    inst.osc2.stop(t);
};
```

長くなりましたが、次で最後です。左側のスライダーの値を osc2 のゲイン（引数 g2）、右側の
スライダーの値を osc と osc2 の**周波数の差**（引数 f2）に対応させます。実行するとどんな音が
聞こえるでしょうか？

 setup() 関数 - tone_5.js

```
const setup = function () {
    〜〜〜〜〜〜〜〜〜〜〜〜〜〜〜〜〜〜〜〜〜〜
    p.onMouseMove(function (x, y) {  // マウスが動いたとき
        const freq = CALC.map(x, 0, 200, 0, 1000);
        const gain = CALC.map(y, 200, 0, 0, 1);
        const v0 = sl0.value(); ←──── スライダー sl0 の値を取り出して定数 v0 に
        const v1 = sl1.value(); ←──── スライダー sl1 の値を取り出して定数 v1 に
        tune(inst, s.time(), gain, freq, v0, v1);
    });
};
```

正解選択肢▶ ❶ 周波数の差をどう変えても、2 つの音はきれいに重なって聞
こえる。
❷ 周波数の差をどう変えても、プルプル震えて聞こえる。
❸ 周波数の差によっては、きれいにもプ
ルプル震えても聞こえる。

プルプルって変な音
が聞こえたから、トリ
乱してしまったわ！

スライダーを動かすと、追加した osc2 のゲインと周波数がそれぞ
れ変わります。
波形を見たときにプルプル震えて見えるものができることがありま
す。そのときは音も震えているはずです。

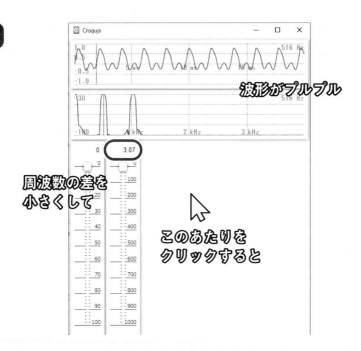

波形がプルプル

周波数の差を
小さくして

このあたりを
クリックすると

　それでは、2つのサイン波を、2つのノコギリ波に変えてみましょう。どう聞こえるでしょうか？2音の周波数の差によって、音がプルプル震えたり、震えなかったりします。

　2つ以上の音の重なりを**和音**と言います。中でも、今実験したようなプルプル震える音を**不協和音**、震えない音を**協和音**と言います。音の重なりがきれいに聞こえるとき、波形もきれいな形になります。

実験クイズ2の答え▶ ❸

RECIPE 改造レシピ

改造レシピを試すときは、**実験クイズ2の変更をそのままに**したプログラムを使いましょう。

レシピ **1** 波形の種類

ほかの波形も試してみましょう。どのような波形、音になるでしょうか？

make() 関数 - tone_r1.js

```javascript
const make = function (s, ws, ss) {
    // オシレーター・パッチを作る
    const osc = s.make("triangle");
    const osc2 = s.make("sine");
```

表 7-1　**波形の種類**

`"sine"`	サイン波（正弦波）
`"sawtooth"`	ノコギリ波
`"triangle"`	三角波
`"square"`	矩形波

Column

ファミコンの音

初期のテレビゲームの特徴の1つが、ピコピコ音のBGMです（動画サイトで「ファミコン BGM」を検索してみましょう）。例えばファミコンでは、音色として、矩形波、三角波、ノイズしか使えませんでした。この制約が特徴的な音楽を生み出しているのです。

レシピ 2　ビブラート・その 1

　osc2 をスピーカーから外して、osc.detune() に接続しました。デチューンとは、freq() で指定した周波数を微妙にずらすことを意味します。スライダーを調整してみましょう。

 make() 関数 – tone_r2.js

```javascript
const make = function (s, ws, ss) {
    // オシレーター・パッチを作る
    const osc = s.make("sine");
    const osc2 = s.make("sine");
    osc2.connect(osc.detune());  ←──────── osc2 を osc のデチューンに接続
```

```
    s.connect(osc, wave, spec, s.speaker());  ← osc2 はスピーカーにつなげない
    // まとめて返す
    return { osc, osc2 };
};
```

📄 CODE tune() 関数 – tone_r2.js

```
const tune = function (inst, t, g, f, g2, f2) {
```

```
    inst.osc2.gain(g2, t);
    inst.osc2.freq(f2, t);
};
```

レシピ3のビブラートとは違って、ゆらゆらと音程が揺れるタイプのビブラートに聞こえるでしょうか？

レシピ 3 ビブラート・その 2

osc2 を osc.gain() に接続しています。レシピ2とはどのように違うでしょうか？ レシピ2と似ているので、気を付けましょう。

> レシピ2と3は、osc2のゲイン（スライダー1）は大きめ、周波数（スライダー2）は小さめで試してみましょう。

📄 CODE make() 関数 – tone_r3.js

```
const makeInst = function (s, ws, ss) {
```

```
    const osc2 = s.make("sine");
    osc2.connect(osc.gain());  ←──────── osc2 を osc のゲインに接続
```

```
    s.connect(osc, wave, spec, s.speaker());  ← osc2 はスピーカーにつなげない
    // まとめて返す
    return { osc, osc2 };
};
```

```
const tune = function (inst, t, g, f, g2, f2) {

    inst.osc2.gain(g, t);
    inst.osc2.freq(f2, t);
};
```

　レシピ2のビブラートとは違って、ゆらゆらと音量が揺れるタイプのビブラートに聞こえるでしょうか？

7.3 声を作ろう

　日本語で使われる音のうち、「あいうえお」の5音が**母音**と呼ばれる音です。50音のどれでも、同じ音をずっと出し続けると母音になります。例えば「た」を「たーー」と言い続けると、最後は「あ」になりますよね？

　母音は一種の音色です。そこで、これから「あいうえお」の音を作ってみます。ここからは、また新しいサンプル・プログラムを使っていきますよ。

フォルマントで母音

　サンプル・プログラムの voice.js を開きます。内容は tone.js とほとんど同じですので、プログラムの観察は省略します。

　ここでは、オシレーターから出力される音を、2つのフィルター「バンドパス・フィルター」に通しています（図7-5）。

　7.1節でいろいろな音のスペクトルを見て、音にはいろいろな周波数の波が含まれることを調べたと思います。バンドパス・フィルターには、音に含まれるいろいろな周波数のうち、特定の周波数の範囲だけを通し、それ以外をブロックするという働きがあります。

「バンドパス」は日本語で書くと「帯域通過」となります。

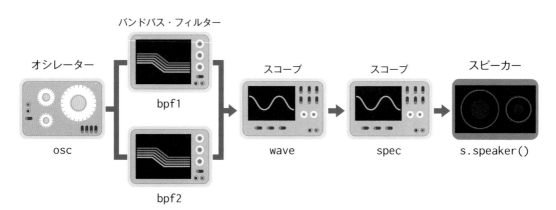

図7-5 voice.js のパッチの接続の様子

さて、この時点で実行しても、特に声のようには聞こえないはずです。

2つのフィルターの通過させる周波数を、スライダーで変えられるようにしましょう。スライダーが3つ並んでいると思います（並んでいないときは、実行画面の横幅を変えてみてください）。

1つ目のフィルター bpf1 の周波数は tune() 関数の引数 sf1、2つ目のフィルター bpf2 の周波数は sf2 にします。sf1 と sf2 はそれぞれ、中央と右のスライダーの値です（sg は左のスライダーの値ですが、今はまだ使いません）。

CODE tune() 関数 – voice_2.js

```
const tune = function (inst, t, g, f, sg, sf1, sf2) {
    inst.osc.gain(g, t);
    inst.osc.freq(f, t);
    inst.bpf1.freq(sf1, t);
    inst.bpf2.freq(sf2, t);
};
```

さて、プログラムを実行して、スライダー中央とスライダー右を800と1200くらいにしてから、紙をマウスでクリックしましょう。どんな音が聞こえるでしょうか？ 何となく「あ」に聞こえませんか？

スペクトルのギザギザのとがった先をつないだものを**スペクトル包絡**と呼びます。そして、スペクトルに現れる山のことを、周波数の低い方から**第一フォルマント**、**第二フォルマント**と呼びます（図7-6）。

ヒトはこの**2つのフォルマントの位置によって、母音を認識している**と言われています。

そこで、このプログラムでは、もとの音を2つのバンドパス・フィルターに通して重ね、フィルター周波数の場所に山を2つ作ることで、フォルマントを再現しています。

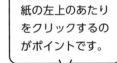

紙の左上のあたりをクリックするのがポイントです。

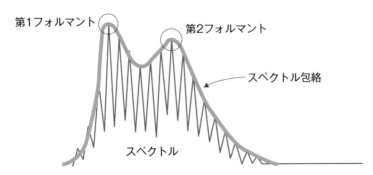

第1フォルマント　第2フォルマント　スペクトル包絡　スペクトル

図 7-6 母音のスペクトルとフォルマント

175

アイウエオ

それでは、「あいうえお」それぞれの、第一フォルマント、第二フォルマントは、それぞれ何ヘルツになるでしょうか？

7.1 節で使った、scope.js を再び実行して、マイクに向かって、母音をしゃべってみましょう。スペクトルの波のとがった先をつないだ形を見るのです。

参考として、各母音の第一、第二フォルマントの周波数を掲載します（表 7-2）。voice.js に戻ったら、スライダーの位置を調節して、あいうえおのすべての音を出してみましょう。

表 7-2 フォルマント周波数の例 [Hz]

	第一フォルマント	第二フォルマント
あ	790	1270
い	280	2310
う	320	1300
え	520	1950
お	510	860

何となく声っぽいのはわかるカモメ。

もちろん、声のしくみはこれだけではありません。それでも、簡単なしくみでそれっぽい感じにはなることはわかると思います。

 レシピ **4** 少し音痴に

CALC.rand() 関数を使ってランダムな値を作り、周波数に足します。

CODE tune() 関数 – voice_r4.js

```
    inst.osc.gain(g, t);
    inst.osc.freq(f + CALC.rand(30), t) ——— f + 0 〜 30 のランダムな値を設定
```

クリックするたびに少し違う音程になります。違いがわかりにくい場合は、7.4 節で演奏をするときに音痴のまま実行してみるとわかりやすいですよ。

レシピ 5 声でも波形の種類

改造レシピ1と同じように、声でも音色を変えてみます。どの波形でも声になるでしょうか？
声にならないとすれば、それはなぜでしょうか？

📄 **CODE** make() 関数 – **voice_r5.js**

```
// オシレーター・パッチを作る
const osc = s.makeOsc({ type: "square" });
```

声として認識する際には、スペクトルにできた山（フォルマント）が重要であると説明しました。スペクトルに山ができるためには、そもそも、スペクトルにいろいろな周波数が含まれている必要があります。

オシレーターが作る一番単純な音には1つの周波数しか含まれないため、声にならないのです。

レシピ 6 ハスキーな声

声のもとの音（フィルターを通す前の音）として、オシレーターの単純な音を使っていました。ここでは、それにノイズ（雑音）を足してみます。

この改造レシピは4か所変えるので、お間違えなく！

📄 **CODE** make() 関数 – **voice_r6.js**

```
const make = function (s, ws, ss) {
    // オシレーター・パッチを作る
    const osc = s.makeOsc({ type: "saw" });
    const noise = s.makeNoise(); ──────── ノイズ・パッチを作る

    // パッチをつなげる
    s.connect([osc, noise], [bpf1, bpf2], wave, spec, s.speaker());
    // まとめて返す
    return { osc, noise, bpf1, bpf2 };
};
```

play() 関数 – voice_r6.js

```javascript
const play = function (inst, t) {
    inst.osc.play(t);
    inst.noise.play(t);
};
```

CODE tune() 関数 – voice_r6.js

```javascript
const tune = function (inst, t, g, f, sg, sf1, sf2) {
    inst.osc.gain(g, t);
    inst.osc.freq(f, t);
    inst.bpf1.freq(sf1, t);
    inst.bpf2.freq(sf2, t);
    inst.noise.gain(g * sg / 10, t);  ← noise のゲインは osc のゲインの sg/10 倍
```

CODE stop() 関数 – voice_r6.js

```javascript
const stop = function (inst, t) {
    inst.osc.stop(t);
    inst.noise.stop(t);
};
```

ノイズを加えたことによって、ざらざらとした声に聞こるようになったでしょうか？

SECTION

7.4 演奏しよう

これまで、tone.js で音色を、voice.js で声を作ってきました。これまでに作った音を使って、パソコンのキーボードを鍵盤に見立てて演奏できる楽器を作りましょう！

サンプル・プログラムの keyboard.js を開きます。まず、これまでに作ったプログラムを読み込む部分があります。

CODE 最初の部分 - keyboard.js

```
// シンセ、パッチ、アナライザー・ライブラリを使う
// @need lib/synth lib/patch lib/analyzer
// @use tone
// @use voice

// 準備する
```

> キーボード・イベントは次の第8章で説明していますよ。

実行して、適当なキーボードのキーを押してみましょう。音は鳴りましたか？

今までのプログラムと似たところがたくさんあると思います。まず、setup() 関数では、シンセやスコープ、スライダーを作るところも同じですね。

ここではさらに「スイッチ・ウィジェット」を作っています（図7-7）。そして、その下で、これまでに作った tone.js、voice.js を使って、それぞれの楽器を作る関数 make() を呼び出しています。

スイッチは、その音色を切り替えるために使います。0 のときが tone.js の音、1 のときが voice.js の音です。

続きを見ましょう。マウスのボタンではなく、キーボードのキーを使えるようにします。いつものように紙を作った後、キーが押されたとき、離されたときに、それに対応する処理を行う部分が書かれています。

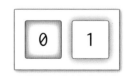

図7-7 スイッチ・ウィジェット

CODE setup() 関数 - keyboard.js

```
    p.onKeyDown(function (ch) {   // キーが押されたとき
```

Chapter 07

音や声を作ろう

```
        const v0 = sl0.value();
        const v1 = sl1.value();
        const v2 = sl2.value();
        const freq = calcFrequency(ch);
        tune(insts, s.time(), 1, freq, v0, v1, v2);
        play(mode.value(), insts, s.time());
    });
    p.onKeyUp(function () {   // キーが離されたとき
        stop(insts, s.time());
    });
```

ポイントは、calcFrequency() 関数を呼び出しているところです。

📄 **calcFrequency() 関数 – keyboard.js**

```
const calcFrequency = function (ch) {
    const keys = "zsxdcvgbhnjm,l.;/";   // 使うキーを並べた文字列
    const i = keys.indexOf(ch);   // 押されたキーが文字列の何番目か
    if (i !== -1) {   // 何番目かがわかったら……
        const no = i + 5 * 12;
        const freq = 440 * Math.pow(2, (no - 69) / 12);
        return freq;   // 周波数を返す
    }
    return 0;   // 間違ったキーを押された！
};
```

キーボードの各キーを鍵盤とみなして（図7-8）、if 文の中で、押されたキーに対応する音階の周波数 freq を計算しています。

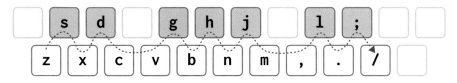

図7-8　キーボードのキーと鍵盤のキーの対応（点線矢印の順に音が半音ずつ高くなっている）

本章のまとめ

　本章は音や声がテーマでした。7.1 節では、音の正体から波形とスペクトルについて学び、7.2 節からはプログラムで音や声を作りました。ほかの章に進む前に、内容をおさらいしましょう。

■ **音を特徴づけるのは、振幅と周波数です。**

■ **音の波形を分析して、周波数ごとに強さを書いたものをスペクトルと言います。**

■ **マウスの座標やキーボードと、音の振幅や周波数を対応付けると、楽器ができます。**

■ **単純な音でもフィルターをかけることで、声のような音を作ることができます。**

　プログラムをすべて掲載すると紙面を使い果たしてしまいますので、各プログラムでどんなことをしたのかをまとめます。

■ `scope.js`　マイクを使って、音の波形とスペクトルを観察する簡単なツールです。

■ `tone.js`　基本的なライブラリの使い方を学び、サイン波を振幅や周波数を変えて鳴らしました。また、それらを、マウスで変えられるようにしました。

■ `voice.js`　第一フォルマント、第二フォルマントを変えることで、「あいうえお」のそれぞれの音を鳴らしてみました。

■ `keyboard.js`　最後にこれまでに作ったり使ったりしたプログラムを組み合わせて、パソコンのキーボードで演奏できるようにしました。

chapter 08

放り投げたボールの動きを再現しよう

ボールのような、落ちたり投げられたりするものの動きは、数式で表すことができます。数式と聞くと難しそうに感じるかもしれませんが大丈夫です。プログラミングして、数式の動きをアニメーションで再現しましょう！

放り投げたボールの動き

ものを投げると落ちてくるよな。どんなふうに落ちてくるんだろう？ トリははばたくのをやめると墜落するよな。どんな感じになるんだろう？

おお！ ニュートンと同じことを不思議に思い始めましたか？ 動きは数式で表現されるので、少し計算を……。

計算するならやめよう！ トリははばたき続けるのだ！

まあまあ、そう言わずに。少しだけ想像力があれば、サイエンスもプログラミングも大丈夫！

~~~~~~~~~~~~~~~~~~~~~~~~~

もののの動きのひみつ

ボールをツルっとした床で転がしてみます。どのように進むでしょうか？

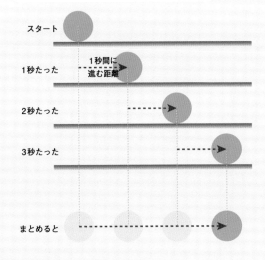

スタート

1秒たった　1秒間に進む距離

2秒たった

3秒たった

まとめると

← 等速直線運動する

速度は変わることなく、1秒間に決まった距離だけ進んでいきます。これは "等速直線運動" と呼ばれる動きです。

← 動きを式にする。

1秒間に進む距離に、スタートしてから**たった秒数**をかけると、進んだ距離の合計がわかります。それを**元の位置**に足すと、**今の位置**を求められます。

元の位置	＋	1秒間に進む距離(速度)	×	たった秒数	➡	今の位置
y_0		v		t		y

$$y_0 + v \times t = y \quad \text{(式1)}$$

落ちるものの動きのひみつ

ボールを手に持ってその場に立ち、手を放すと
ボールはどのように落ちていくでしょうか？

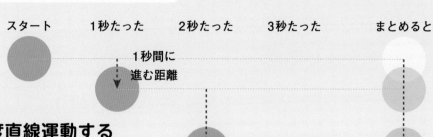

スタート　　　1秒たった　　　2秒たった　　　3秒たった　　　まとめると

1秒間に
進む距離

→ 等加速度直線運動する

重力の働きで速度が少しずつ大きくなるので、1秒
間に進む距離も少しずつ大きくなります。これは
"等加速度直線運動" と呼ばれる動きです。

↓ こちらの動きも式にする

前の式とは違って、**重力加速度**に、スタートして
からたった秒数の**2乗**をかけた分（速くなって余
計に進む分）を足すのがポイントです。

元の位置 +	元の速さ ×	たった秒数 +	$\frac{1}{2}$ ×	重力加速度 ×	たった秒数 の2乗	➡ 今の位置
y_0	v_0	t		g	t^2	y

$$y_0 + v_0 \times t + \frac{1}{2} \times g \times t^2 = y \quad \text{(式2)}$$

モズかしいけど、式で書け
ることがわかれば OK！

Column

1秒ごとに計算する

ある時点での位置、速度、加速度がわかれば、その
1秒後の位置や速度を計算することができます。1
秒ごとに位置を計算するには、式2を少し直し、さ
らに速度を求める式3も使います。

$$y_昔 + v_昔 \times t + \frac{1}{2} \times g \times t^2 = y_今 \quad \text{(式2')}$$

$$v_昔 + g \times t = v_今 \quad \text{(式3)}$$

"昔" の速さと位置を使って、"今" の速
さと位置を計算するという意味です。

運動を表す式がわかったら、その動きをプログラミングで再現してみ
ます。1秒ごとの動きを "少しずつ計算する" というのがポイントです。
ボールをリアルに落としたり滑らせたり飛び跳ねさせたりしますよ！

手を放したボールの動きを再現しよう

プログラムの観察

サンプル・プログラムの physics.js を開いて、プログラム全体を見ましょう。

1つ目の関数は、setup() です。ここでは、絵を描くための「紙」、「ステージ」、「トグル・ボタン」など、プログラムで使う部品（オブジェクト）を作っています。

あれ？　プログラムの終わりの方はスカスカですね。

CODE setup() 関数 - physics.js

```
// 準備する
const setup = function () {
    // 紙を作って名前を「p」に
    const p = new CROQUJS.Paper(600, 600);
    // ステージを作って名前を「world」に
    const world = new SPRITE.Stage();
    // トグル・ボタンを作って名前を「button」に
    const button = new WIDGET.Toggle("G");
    // 部品をまとめる
    const ps = { button, G: 9.8 };

    for (let i = 0; i < 1; i += 1) {
        const b = makeBall(ps);
        world.add(b);  // 世界（ステージ）に追加
    }
    const listener = function (key) {  // イベント・リスナーを作る
    };
    p.onKeyDown(listener);  // キーが押されたとき ———— イベント・リスナーをセット
    p.animate(draw, [p, world, ps]);  // アニメーションする
};
```

　ステージは、スプライトと呼ばれる小さな絵（ここでは円）を載せて動かすための、舞台のようなものです（p.215）。トグル・ボタンは、実行すると画面に表示される「G」と書かれたボタンのことです。今はまだ使っていません。

　また、紙 p の onKeyDown() 関数に、イベント・リスナー listener（今は空の関数）を渡しています。**イベント・リスナー**とは、何かが起きたときに、それに応じた処理を行う関数のことです。ここではあなたがキーを押すと、listener() が呼び出されます（図 8-1）。

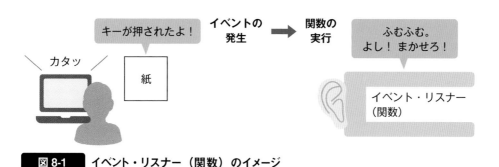

| 図 8-1 | イベント・リスナー（関数）のイメージ |

　次の関数、draw() に進みましょう。

CODE draw() 関数 - physics.js

```
// 絵を描く（紙、世界、部品）
const draw = function (p, world, ps) {
    p.styleClear().color("White").draw();  // 消す

    world.draw(p);  // 世界（ステージ）を描く
    world.update(p.deltaTime());  // 世界（ステージ）を更新
};
```

　draw() 関数では、いつものように紙を白色でクリアしてから、ステージ world の draw() 関数を呼び出しています。ここでは、円形スプライトが描かれます（図 8-2）。これがボールです！

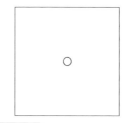

| 図 8-2 | 円形スプライトの表示 |

ステージのもう1つの関数、`world.update()`も重要です。この関数を呼び出すと、ステージ上で時間が進み、ステージ上のスプライトが更新されます。引数として渡しているのは、`p.deltaTime()`関数で得られる、前回描画してからの経過時間 [ms] です。

　さて、次はこのプログラムの最も重要な部分、`makeBall()`関数と`update()`関数です。順番に見ていきましょう。

 makeBall()関数 - physics.js

```javascript
// ボール（スプライト）を作る（部品）
const makeBall = function (ps) {
    const r = 10;   // 半径
    const m = r * r;   // 質量
    const restitution = 0.5;   // 反発係数

    // 速度
    const vx = 0;
    const vy = 0;
    // 加速度
    const ax = 0;
    const ay = 0;

    const b = new SPRITE.Circle(r);   // 円形スプライトを作る
    b.data({ ps, vx, vy, ax, ay, m, restitution });   // データを設定
                                      半径、質量などをオブジェクトにまとめる
    b.ruler().fill();   // ぬりスタイル
    b.ruler().stroke();   // 線スタイル
    b.x(300);   // x 座標を設定
    b.y(300);   // y 座標を設定
    b.motion(update);   ━━━━━━ update()関数をモーションにセット
    return b;
};
```

　この関数では、ボールの半径、質量や、速度、加速度を決め、まとめてスプライトのデータとしています。その後で、スプライト b の `motion()`関数に、次に説明する`update()`関数を渡しています。

簡単に言うと、ボール1個ずつに、物理的な情報をデータとして持たせておくってことです。

📄CODE update() 関数 - physics.js

```
// 現在位置を更新する（スプライト、ミリ秒、x座標、y座標）
const update = function (b, ms, x, y) {
    const data = b.data();  // データを取り出す
    const t = ms / 1000;  // ミリ秒を秒に直す

    // x座標を計算 ----------------

    let nx = x;

    // y座標を計算 ----------------

    let ny = y;

    // 座標をまとめて返す
    return [nx, ny];
};
```

　update() 関数では、引数としてスプライト（ボール）、ミリ秒 ms と現在の x 座標、y 座標を受け取ります。最初にスプライトのデータを定数 data としてから、ms / 1000 を計算して、秒に直しています。

　関数の最後で、その値をまとめて配列として返しています。今はまだ、そのまま返しているので、つまり、x 座標と y 座標が変わらないので、スプライト（ボール）ははじめの位置から動かないのです。

　ところで、setup() 関数の最後で p.animate() 関数に渡しているので、draw() 関数は繰り返し呼び出されます。draw() 関数はその中で、world.update() 関数を呼び出します。さらに、world.update() 関数は内部で、physics.js で定義された update() 関数を呼び出します。

　つまり、この update() 関数で、一定の時間間隔ごとに繰り返し方程式にしたがって位置や速さを計算し、更新していくと、物理的なアニメーションが実現できるのです。

　ここで、**どの関数がどの関数を呼び出しているのか**をまとめましょう（図 8-3）。

物理の方程式では、普通、秒を使いますからね。直しておきましょう。

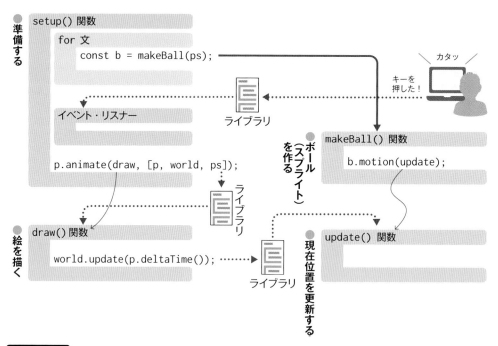

図 8-3 `physics.js` の関数の呼び出し関係

運動を数式で

　ボールを表示させることはできました。ですがこの章のテーマは
「運動」です。8.1 節で取り上げた運動の式に合わせて、このボールを
動かしましょう！

> ガーン、実行しても
> ボールが全然動か
> ないじゃないか！

実験クイズ

クイズ 1

それでは、プログラムを次のように変えてみましょう。

📄**CODE** **update()関数 – physics_2.js**

```
const update = function (b, ms, x, y) {

    // y座標を計算 -----------------

    let ny = y + data.vy * t; •————————①

    // 座標をまとめて返す
```

これで、少なくとも、現在の座標を次の座標としてそのまま返さなくなりました。ですが、もう1か所、次のように変更します。さて、実行すると何が起こるでしょうか？

📄**CODE** **makeBall()関数 – physics_2.js**

```
const makeBall = function (ps) {

    // 速度
    const vx = 0;
    const vy = 10;
    // 加速度
```

解答選択肢▶ ❶ 下に動く。だんだん早くなる。
❷ 下に動く。速度は変わらない。
❸ 動きそうで動かない。

答えを考えたら、実行してみましょう！ この動きは、**等速直線運動**と言います。①は 8.1 節で出てきた、y + v＊t＝y という等速直線運動の式（式 1）ですね。

もう一度、プログラムの let ny = y + data.vy ＊ t; の部分を見ましょう。速度 vy を使って、y 座標（ここでは変数 ny）を更新しています。

vy を変えていないから、等しい速度（等速）なんだな。わかっタカな？

実験クイズ 1 の答え▶ ❷

ボールが 1 つだけでは寂しいので、増やしてみましょう。**実験クイズ 1 の変更はそのまま**にして、次のように変えます。

CODE setup() 関数 – physics_3.js

```
const setup = function () {

    for (let i = 0; i < 10; i += 1) {
        const b = makeBall(ps);
```

CODE makeBall() 関数 – physics_3.js

```
const makeBall = function (ps) {

    b.ruler().stroke();   // 線スタイル
    b.x(CALC.rand(600));   // x 座標を設定
    b.y(CALC.rand(600));   // y 座標を設定
    b.motion(update);
```

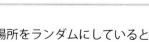

CALC.rand(600) と書くと、実行のたびに、0 〜 599 までの整数を返してくれますよ。

ポイントは、for 文の繰り返しと、CALC.rand() 関数でボールの場所をランダムにしているところです。CALC.rand(600) と 600 にしているのは、紙のサイズが 600 × 600 だからです。

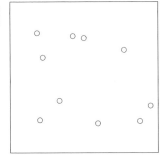

さて、先ほどから気づいていると思いますが、ボールはまっすぐ進んでいって、そのまま画面から消えてしまいます。ボールの動きの再現としては、あまりに非現実的です！

次のようにプログラムを変えます。

update()関数 – physics_4.js

```
const update = function (b, ms, x, y) {
```

〜〜〜〜〜〜〜〜〜〜〜〜〜〜〜〜〜〜〜〜〜〜〜〜〜〜〜〜〜

```
    // y座標を計算 -----------------

    let ny = y + data.vy * t;
    if (600 < ny) {  ←──────〔600よりnyが大きい〕ときは……
        ny = 600;   ←──────➡ nyに600を代入
    }

    // 座標をまとめて返す
```

〜〜〜〜〜〜〜〜〜〜〜〜〜〜〜〜〜〜〜〜〜〜〜〜〜〜〜〜〜

実行結果▶

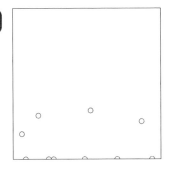

193

8.1 節に出てきた等速直線運動の式（式1）はすでにプログラムに入れました。続けて、等加速度運動の式（式2′と式3）もプログラムに入れてみましょう。次のようにプログラムを変更します。実行はまだですよ！

 update() 関数 – physics_5.js

```
const update = function (b, ms, x, y) {

    // y 座標を計算 -----------------

    data.ay = data.ps.G;  ————————— ボールの加速度 ay を重力加速度 G に
    data.vy = data.vy + data.ay * t;  ———————— 加速度をもとに現在の速度を計算

    let ny = y + data.vy * t + 0.5 * data.ay * t * t;  ———————— 現在地を計算
    if (600 < y) {
```

ボールの加速度を重力加速度Gにして、その**加速度を使って速度を更新**しています（式3）。続けて、その速度と加速度から、次の位置を計算しています（式2′）。

プログラムの次の部分を、0に戻しておきます。

数式とは記号が少し違うけど、カッコウそのままだな！

 makeBall() 関数 – physics_5.js

```
const makeBall = function (ps) {

    // 速度
    const vx = 0;
    const vy = 0;
    // 加速度
```

さて、まだ実行はしていないですよね？ ここで実行結果を予想してみましょう！

解答選択肢▶ ❶ 下に動く。だんだん速くなる。
❷ 下に動く。速度は変わらない。
❸ 動きそうで動かない。

先ほど、速度を更新する行を付け加えたので速度が変わったのです。

実験クイズ2の答え▶ ❶

それでは最後に、ちょっとした仕掛けをしてみましょう。プログラムを実行している間、いつでも重力が働いているのではなく、トグル・ボタンが押されているときだけ、働くようにするのです。

トグル・ボタン（button）はすでに作ってあるので、押されているときと押されていないときで、処理を分けるようにします。**実験クイズ2の変更はそのまま**にして、次のように変えます。

「G」と書かれたボタンが画面に表示されていましたよね？

CODE update() 関数 – physics_6.js

```
const update = function (b, ms, x, y) {

    // y 座標を計算 ----------------

    data.ay = 0;
    if (data.ps.button.value()) {  ←――――〔button が押されている〕ときは……
        data.ay = data.ps.G;  ←――――➡ボールの加速度 ay を重力加速度に
    }
    data.vy = data.vy + data.ay * t;
```

button.value() は、トグル・ボタンが押されていると true を、押されていないと false を返します。いったん、加速度を 0 に設定してから、if 文でトグル・ボタンが押されているときだけ加速度を更新しています。

Gを押すと　　　　重力が働いてボールが落ちる

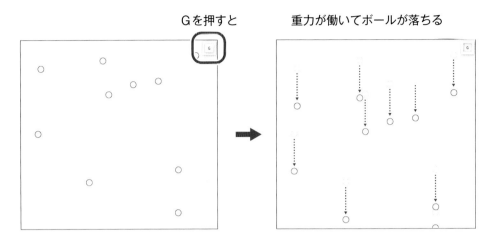

放物線

　これまではy軸方向、つまり縦にしか動きませんでした。せっかくですので、横にも動かしてみましょう。update()関数には、すでにコメントで「x座標を計算」と書かれていましたよね？そこを次のように変えます。

 update()関数 – physics_7.js

```
const update = function (b, ms, x, y) {

    // x座標を計算 ----------------

    let nx = x + data.vx * t;

    // y座標を計算 ----------------
```

　変えましたか？ただし、このままでは実行しても何も変わりません。変数 vx が 0 に設定されているからです。では、次のようにもう1か所を変更しましょう。

CODE makeBall()関数 – physics_7.js

```
const makeBall = function (ps) {

    // 速度
    const vx = 10;
    const vy = 0;
    // 加速度
```

実行すると、ボールはどのように動くでしょうか？ 速度を変えたりボールの数を変えたりして、何度も実行してみましょう。

実行結果▶

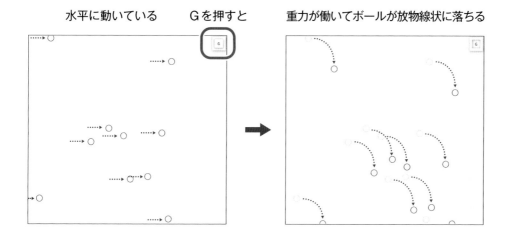

水平に動いている　　Ｇを押すと　　重力が働いてボールが放物線状に落ちる

アクションを表現しよう

重力加速度とジャンプ

トリだって飛べるんだ！ ボールだって動きたいだろ？

　手に持ったボールを放したときの動きの再現はできました。しかし、自然の法則にしたがうばかりではつまらないものです。そこで、ボールにジャンプする機能を付けたいと思います。

　少し長いのですが、setup() 関数、draw() 関数、update() 関数を変えていきます。まずは setup() 関数です。

> 📄 **CODE** **setup() 関数 – physics_8.js**

```
const setup = function () {

    // 部品をまとめる
    const ps = { button, G: 9.8, fy: 0 };
```
〜〜〜〜〜〜〜〜〜〜〜〜〜〜〜〜〜〜〜〜〜〜〜〜〜〜〜〜
```
    const listener = function (key) {   // イベント・リスナーを作る
        if (key === " ") {  ──────────〔key がスペース〕のときは……
            ps.fy = -100000;  ──────────➡力 fy に -100000 をセット
        }
    };
    p.onKeyDown(listener);   // キーが押されたとき
    p.animate(draw, [p, world, ps]);   // アニメーションする
};
```

変数 key をコンソール出力すると、押されたキーを確認することもできますよ。

　setup() 関数では、部品をまとめていたオブジェクト ps に、キーが fy、値が 0 の要素を追加しています。fy は y 軸方向の力を表すことにします。

　そして、今まで空だったイベント・リスナー listener() に、キーを押されたときの処理を追加しています。

ここでは if 文の条件式で、変数 key が " " と等しいかどうかをチェックしています。" " とはスペースですから、スペースキーが押されたかどうかをチェックしていることになります。

次は draw() 関数です。次のように、力 fy を 0 にしています。こうすることによって、上向きの力が加わるのは、キーを押したときだけになります。

 draw() 関数 – physics_8.js

```
const draw = function (p, world, ps) {

    world.update(p.deltaTime());  // 世界（ステージ）を更新
    ps.fy = 0;
};
```

> 0 にしないと、飛んでっちゃうからな！

最後は update() 関数です。次のように変更します。

update() 関数 – physics_8.js

```
const update = function (b, ms, x, y) {

    // y 座標を計算 ----------------

    data.ay = 0;
    if (data.ps.button.value()) {
        data.ay = data.ps.G;
    }
    data.ay = data.ay + data.ps.fy / data.m;  ←———— 現在の力で加速度を更新
    data.vy = data.vy + data.ay * t;
```

update() 関数に 1 行追加しています。ay は加速度でした。そこに力 fy を質量 m で割った値を追加しています。

ここでは、ニュートンの運動方程式 $F = ma$ を使っています。質量 m の物体に力 F が働くときに生じる加速度 a を計算しているのです。

プログラムを 3 か所変えたら、実行してみましょう。実行したら、適当なタイミングでスペースキーを押します。

水平に動いている　　　　　　　　　ボールが上に向かっていく

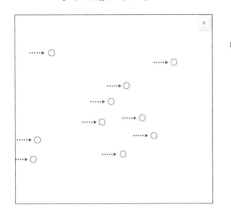 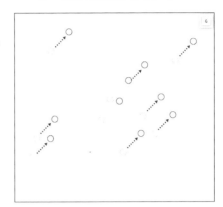

スペースキーを押すと

右往左往

ジャンプができるなら、左右にも動かしたいですよね？ カーソルキー（矢印キー）の右左に合わせて、ボールを等速直線運動させましょう。それでは、次のようにプログラムを変えます。

右に行ったり左に行ったり……電線にとまるスズメみたいだな！

 setup()関数 – physics_9.js

```javascript
const setup = function () {

    // 部品をまとめる
    const ps = { button, G: 9.8, vx: 0, fy: 0 };


    const listener = function (key) {   // イベント・リスナーを作る
        if (key === " ") {
            ps.fy = -100000;
        }
        if (key === "ArrowLeft") {  ————————〔キーが矢印の左〕のときは……
            ps.vx = -10;
        }
        if (key === "ArrowRight") {  ————————〔キーが矢印の右〕のときは……
```

```
        ps.vx = 10;
      }
    });
    p.onKeyDown(listener);  // キーが押されたとき
    p.animate(draw, [p, world, ps]);  // アニメーションする
};
```

> カーソルを押すと、速度が変わるようにしているのですね。

 makeBall() 関数 – physics_9.js

```
const makeBall = function (ps) {

    // 速度
    const vx = 0;
    const vy = 0;
```

 update() 関数 – physics_9.js

```
const update = function (b, ms, x, y) {
    const t = ms / 1000;  // ミリ秒を秒に直す

    // x 座標を計算 ---------------

    data.vx = data.ps.vx;

    let nx = x + data.vx * t;
```

　setup() 関数では、カーソルキーの左右の入力に合わせて、ps.vx の値を変えています。そして update() 関数では、その ps.vx の値をそのままボールの vx に代入して、それを使って、現在の位置を計算しています。

ボールを左右に動かせる

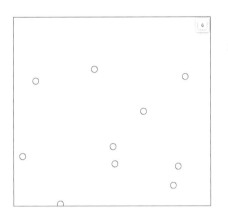

カーソルキーを押すと

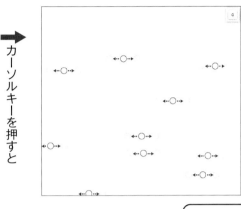

　ここまで、物理の方程式をプログラムに変えて、目で見て確かめられるようにしてきました！ それでは、このプログラムを少しずつ改造してみましょう。

重力を働かせたり、ジャンプさせたり！

改造レシピ

　ここから、自分でプログラムを改造しましょう。プログラムを少し変えるだけで、いろいろな変化を楽しめるのが**改造レシピ**です。どれから取り掛かっても OK です。

レシピ 1 ボールのキセキ

　紙を完全に不透明な白ではなく、少し透明な白でクリアするようにします。すると、前の絵がうっすらと残ることになります。数字を少しずつ変えてみましょう。

CODE draw()関数 - physics_r1.js

```
const draw = function (p, world, ps) {
    p.styleClear().color("White", 0.1).draw();  // 消す
```

```
    world.draw(p);  // 世界（ステージ）を描く
    world.update(p.deltaTime());  // 世界（ステージ）を更新
```

実行結果例▶

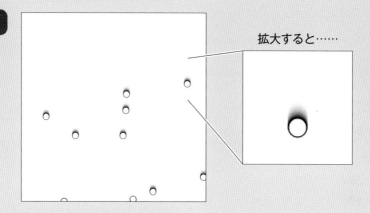

拡大すると……

レシピ **2** 大きかったり重かったり

円形スプライトを作るときに、引数として円の半径を表す変数 r を渡していました。それをランダムにしてみます。

 setup() 関数 – physics_r2.js

```
const makeBall = function (ps) {
    const r = CALC.rand(5, 10);  // 半径
    const m = r * r;  // 質量
```

r が大きくなると、m が大きくなるから……何が変わるんだ？

定数 r の定義のすぐ下で、r の二乗を質量として定数 m を定義しています。この質量は、update() 関数の中で、ジャンプの計算のときに使われています。

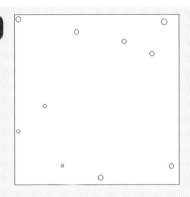

レシピ 3 　ボールの反発精神！

　ボールが地面（紙の下端）にぶつかったとき、y軸方向の速度vyを、vyに-1とdata.restitutionをかけたもので更新しています。-1がポイントです。

📄 update()関数 – physics_r3.js

```
const update = function (b, ms, x, y) {

    // y座標を計算 ----------------

    let ny = y + data.vy * t;
    if (600 < y) {  ———————〔600よりyが大きい〕ときは……
        ny = 600;
        data.vy = data.vy * -1 * data.restitution;
    }

    // 座標をまとめて返す
    return [nx, ny];
}
```

> マイナスということは、向きが逆ということですね。

　上記の改造が終わったら、makeBall()関数で定数restitutionを0.5と定義しているので、その数値を変えてみましょう。

実行結果例▶

地面にぶつかるとバウンド

レシピ 4 無限ループ

ボールが地面にぶつかるようにした部分では、y軸だけを考えました。同じようにx軸についてもはみ出したときの処理を行います。ただし、ここでは跳ね返るのではなく、ループさせてみます。

もちろん、横の壁があるように跳ね返らせることもできますよ！

CODE **update() 関数 – physics_r4.js**

```
const update = function (b, ms, x, y) {

    data.vx = data.ps.vx;

    let nx = x + data.vx * t;
    if (600 < x) {              ────〔600 より x が大きい〕ときは……
        nx = 0;
    }
    if (x < 0) {                ────〔x が 0 より小さい〕ときは……
        nx = 600;
    }

    // y 座標を計算  ────────────
```

実行結果例▶

画面の端に着くと
反対側の端から出てくる

x軸方向の速度を設定するときに、一定の割合でこれまでの速度も反映させるようにします。すると、キーを押したら急に動いたり、急に向きを変えたりしなくなります。0.99と0.01の数字を、合計が1になる範囲で変えてみましょう。

CODE **update() 関数 – physics_r5.js**

```
const update = function (b, ms, x, y) {
    const t = ms / 1000;

    // x 座標を計算 ----------------

    data.vx = 0.99 * data.vx + 0.01 * data.ps.vx;

    let nx = x + data.vx * t;
```

実行結果例▶

左右カーソルキーを押すと
ゆっくりと動き出したり
向きを変える

206

SECTION 8.4 本章のまとめ

本章は物体の運動の様子がテーマでした。はじめの 8.1 節では、運動を数式で表す方法について学びました。8.2 節からは、運動の様子をアニメーションとして表示しました。ほかの章に進む前に、内容をまとめましょう。

数式と動きの関係はわかったかい？ よくガンばったな！

■ **ものが落ちるのは、重力が働くからです。重力による加速の様子は、運動の方程式として表現できます。**

■ **運動の方程式を具体的に計算すると、徐々に変化する、物体の位置を求められます。**

■ **時間経過ごとの位置の変化を求め、それに合わせてスプライトを動かすことで、落下の様子をアニメーションできます。**

最後に、すべての改造を適用した場合のプログラムを掲載します。改造レシピはできるだけチャレンジしてみましょう。ゴールはボールの動きの再現です。

 physics_all.js

```javascript
// 準備する
const setup = function () {
    // 紙を作って名前を「p」に
    const p = new CROQUJS.Paper(600, 600);
    // ステージを作って名前を「world」に
    const world = new SPRITE.Stage();
    // トグル・ボタンを作って名前を「button」に
    const button = new WIDGET.Toggle("G");
    // 部品をまとめる
    const ps = { button, G: 9.8, vx: 0, fy: 0 };
```

```
        for (let i = 0; i < 10; i += 1) {
            const b = makeBall(ps);
            world.add(b);  // 世界（ステージ）に追加
        }
        const listener = function (key) {   省 略   }
        p.onKeyDown(listener);
        p.animate(draw, [p, world, ps]);  // アニメーションする
};


// 絵を描く（紙、世界、部品）
const draw = function (p, world, ps) {
        p.styleClear().color("White", 0.1).draw();  // 消す ●─────────レシピ 1


        world.draw(p);  // 世界（ステージ）を描く
        world.update(p.deltaTime());  // 世界（ステージ）を更新
        ps.fy = 0;
};


// ボール（スプライト）を作る（部品）
const makeBall = function (ps) {
        const r = CALC.rand(5, 10);  // 半径 ●──────────────レシピ 2
        const m = r * r;  // 質量
        const restitution = 0.5;  // 反発係数
         省 略
}


// 現在位置を更新する（スプライト、ミリ秒、x 座標、y 座標）
const update = function (b, ms, x, y) {
        const data = b.data();  // データを取り出す
        const t = ms / 1000;  // ミリ秒を秒に直す


        // x 座標を計算 ----------------


        data.vx = 0.99 * data.vx + 0.01 * data.ps.vx; ●─────────レシピ 5


        let nx = x + data.vx * t;
```

```
if (600 < x) {
    nx = 0;
}
if (x < 0) {
    nx = 600;
}
```
――――― レシピ4

```
// y座標を計算 ----------------

data.ay = 0;
if (data.ps.button.value()) {
    data.ay = data.ps.G;
}
data.ay = data.ay + data.ps.fy / data.m;
data.vy = data.vy + data.ay * t;

let ny = y + data.vy * t + 0.5 * data.ay * t * t;
if (600 < y) {
    ny = 600;
    data.vy = data.vy * -1 * data.restitution;  •―――――レシピ3
}

// 座標をまとめて返す
return [nx, ny];
};
```

chapter 09

感染症が広がる様子を
再現しよう

プログラミングで実際には起こせないこと、起きない方がよいことも再現できます。病気が人々の間で広まる様子もその1つです。ここでは架空の街を作り、人々の流れを変え、病気を広めないようにすることに挑戦です！

感染症が広がる様子

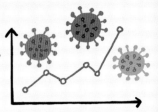

ウエックション！ 風邪ひいたかもしれない……。ウエックション！ どのトリにうつされたんだ？

くれぐれも私にはうつさないでくださいね。それにしても、風邪ってどうして広まるんですかねえ。

自分のことよりも、先にワタシの心配をしてくれよ！ でも確かに、どうしたら広まらなくなるんだろうな。

本当には実験できないようなことはシミュレーションしましょう。サイエンスとプログラミングで、風邪にうつらなくなる?!

歴史上の感染症　　人類はこれまで、さまざまな感染症を経験してきました。

→ 人類が経験した感染症

死者数が100万人を超えたと考えられている感染症の流行をグラフにしました。人数はおよその死者数を表します。

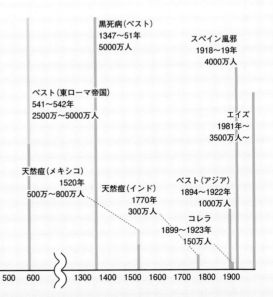

黒死病（ペスト）
1347～51年
5000万人

スペイン風邪
1918～19年
4000万人

ペスト（東ローマ帝国）
541～542年
2500万～5000万人

エイズ
1981年～
3500万人～

天然痘（メキシコ）
1520年
500万～800万人

天然痘（インド）
1770年
300万人

ペスト（アジア）
1894～1922年
1000万人

コレラ
1899～1923年
150万人

ペスト（諸説あり）
（ローマ帝国）
165～180年
350万～700万人

年 100 200 300 400 500 600 1300 1400 1500 1600 1700 1800 1900

感染が広がるひみつ

病気になった人が、ほかの人に病気をうつす経路（**感染経路**）には次のような種類があります。

空気感染

直径5μm
以下の粒子

病原体を含む粒子が空気中を
ただようことで感染

飛沫感染

直径5μm
以上の粒子

病原体を含む飛沫（水の粒）
によって感染

※μm（マイクロメートル）
は 0.001mm

粒が小さい方が、
広がりやすいな。

接触感染

病原体が付着した人、ものに
接触することで感染

経口感染

病原体を含む水・食品などを
口にすることで感染

Column

1 人 が 何 人 に う つ す の か ？

1人の感染者が平均で"何人に病気をうつすか"を
表す数を**"再生産数"**と言います。

"基本再生産数（R_0）"

➡誰も免疫がない（以前かかったことも、ワクチンを
打ったこともない）ときの再生産数。

"実効再生産数" ＝ 流行の度合い

➡すでに感染が広がっているときの、再生産数のある
時点での推定値。

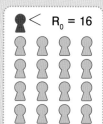

$R_0 = 16$　はしか

風疹

$R_0 = 6$

おたふく風邪

$R_0 = 4.5$

インフルエンザ

$R_0 = 1.5$

感染の様子と、それを防ぐ方法をプログラミングで再現してみます。
単純なヒトでもたくさんいると"複雑な動き"になるのがポイントで
す。**病気がどんどん広まっていく様子をシミュレーション**しますよ！

Chapter 09

感染症が広がる様子を再現しよう

SECTION 9.2 ウイルスが広がっていく 様子を再現しよう

プログラムの観察

サンプル・プログラムの infection.js を開いて、プログラムの全体を見ましょう。このプログラムは、たくさんのヒトが住んでいるある街を再現して、そこでどのように病気のウイルスが広がるかを観察するためのものです。

最初は setup() 関数です。

> コメントを1つずつ読んでいくと、イメージをつかめますよ。

 CODE setup() 関数 - infection.js

```javascript
// 準備する
const setup = function () {
    // 紙を作って名前を「p」に
    const p = new CROQUJS.Paper(600, 600);
    // ステージを作って名前を「city」に
    const city = new SPRITE.Stage();
    // そのほかの部品を作る
    // 部品をまとめる
    const ps = {};

    for (let i = 0; i < 10; i += 1) {
        const h = makeHuman();
        city.add(h);   // 街（ステージ）に追加
    }
    p.animate(draw, [p, city, ps]);   // アニメーションする
};
```

> ヒトがいる街を作っているんだな。そんなにモズかしい話じゃないな！

いつものように紙を作っています。そしてステージ city を作っています。この city がたくさんのヒトの住む街となります。そして、makeHuman() 関数を呼び出してヒトを作り、街に追加しています。

プログラムにいつも出てくる draw() 関数がここにもあります。

draw() 関数 - infection.js

```javascript
// 絵を描く（紙、街、部品）
const draw = function (p, city, ps) {
    p.styleClear().color("LightBlue").draw();  // 消す

    city.draw(p, [p]);  // 街（ステージ）を描く
    city.update();  // 街（ステージ）を更新
};
```

画面を明るい水色でクリアしたら、city.draw() 関数を呼び出して、紙 p に街の様子（setup() 関数で追加したヒト）を描きます。そして、city.update() 関数を呼び出して、ステージを更新します。このタイミングで、ヒトの状態が更新されます。

この draw() 関数に引数として渡されている ps は、setup() 関数の中で作られたオブジェクトです。今はまだ空ですが、この後で内容を追加しますよ。

ここでのオブジェクトの作り方は、3.5 節の「オブジェクトの便利な作り方」を見てくださいね。

Column

スプライトって何？

スプライトとは、小さな絵（本章では○）を別々に動かすためのしくみです。また、その小さな絵のこともスプライトと言います。スプライトはステージ上で、それぞれ位置を変えることができます。

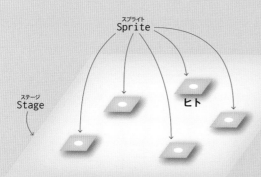

図 9-1 スプライトとステージ

ヒトを作る関数の前に、ヒトの人数を数える関数 count() が書かれていますが、これはまだ使わないので省略します。

次は、makeHuman() 関数です。この関数では、ヒトを表すスプライトを作ります。

 makeHuman() 関数 - `infection.js`

```javascript
// ヒト（スプライト）を作る
const makeHuman = function () {
    const h = new SPRITE.Sprite(drawHuman);
    h.data({ sick: 0, recovered: false });  // データを設定

    h.x(CALC.random(0, 600));  // x 座標を設定
    h.y(CALC.random(0, 600));  // y 座標を設定
    h.setRangeX(0, 600, true);  // x 座標を制限し、左右をループ
    h.setRangeY(0, 600, true);  // y 座標を制限し、上下をループ
    h.direction(CALC.random(0, 360));  // 方向を設定
    h.collisionRadius(5);  // 衝突する半径を設定
    h.onCollision(onCollision);  // 衝突したとき
    h.motion(new TRACER.TraceMotion());
    return h;
};
```

スプライト h を作って、さまざまな設定を行っています。また、スプライト h の onCollision() 関数で、このスプライトがほかのスプライトとぶつかった（衝突した）ときに呼び出される関数を指定しています。

スプライト h を作るときに指定したヒトを描く関数 drawHuman() では、単に半径 5 ピクセルの白い円を描いています。

drawHuman() 関数 - `infection.js`

```javascript
// ヒトを描く（紙）
const drawHuman = function (p) {
    const d = this.data();  // データを取り出す
    const r = p.getRuler();  // 定規をもらう
    r.fill().color("White");
    r.circle(0, 0, 5).draw("fill");
};
```

次は onCollision 関数です。Collision（コリジョン）は「衝突」という意味です。今はまだ、特に何もしていません。単に、ぶつかった 2 人のヒトの持っているデータを取り出しているだけです。

ぶつかったら感染するようにするんだな！ツルっとお見通しだよ！

 onCollision() 関数 - infection.js

```
// ぶつかったとき（ヒト1、ヒト2）
const onCollision = function (h1, h2) {
    const d1 = h1.data();   // 1人目のデータを取り出す
    const d2 = h2.data();   // 2人目のデータを取り出す
};
```

ここで、**どの関数がどの関数を呼び出しているのか**をまとめましょう（図 9-2）。

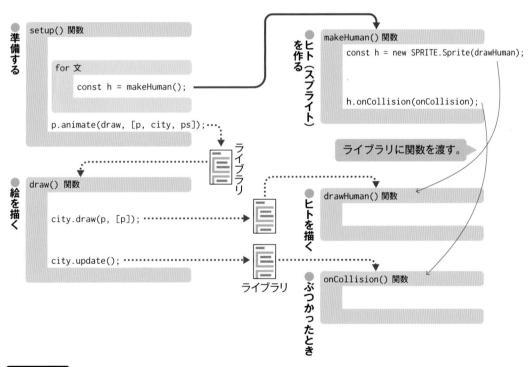

図 9-2 `infection.js` の関数の呼び出し関係

makeHuman() 関数は、直接的にはほかの関数を呼び出していません。しかし、スプライトを作る際に、スプライトに drawHuman() 関数と onCollision() 関数を渡していますので、間接的に使っていると考えましょう。

群衆の再現

このプログラムを実行すると、10 個の白い小さな円が描かれると思います。

実行結果▶

これでヒトが歩き出すんだな。前へスズメ！

　この白い丸がヒトです。ですが、何も動きませんよね？ ヒトの群れ、すなわち群衆を再現するには、ヒトを歩き回らせる必要があります。そこで、スプライトに動きを加えます。

QUIZ　実験クイズ

クイズ　**1**

　makeHuman() 関数の最後から 2 番目の行の h.motion() 関数を呼び出すところを見ると、引数の部分に new　TRACER.TraceMotion() と書かれていますよね？ TraceMotion は、スプライトをカメのように動かすためのものです。
　それでは、次のようにプログラムを変えると、ヒト（スプライト）はどのように動くでしょうか？ go() や tr() の意味は、カメのときと同じです。

CODE setup() 関数 - infection_2.js

```
const setup = function () {

    for (let i = 0; i < 10; i += 1) {
        const h = makeHuman();
        city.add(h);    // 街（ステージ）に追加
        h.motion().go(10).repeat();
    }
    p.animate(draw, [p, city, ps]);    // アニメーションする
};
```

正解選択肢▶　❶ 一斉に同じ方向に進み続ける。
❷ バラバラな方向に進み続ける。
❸ バラバラな方向に進んで止まるを繰り返す。

実行しましょう。結果はどうなったでしょうか？

実験クイズ１の答え▶　❷

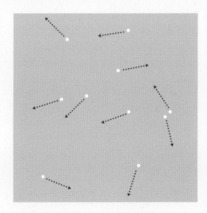

感染経路

次は「病気がうつる」という状況を再現しましょう。

だんだん怖くなってきたけど、シミュレーションだから大丈夫トリ！

ここで onCollision() 関数を使います。**実験クイズ 1 の変更はそのままにして**、ひとまず、次のように変えてみます。

 onCollision() 関数 - infection_3.js

```javascript
// ぶつかったとき（ヒト 1、ヒト 2）
const onCollision = function (h1, h2) {
    const d1 = h1.data();  // 1 人目のデータを取り出す
    const d2 = h2.data();  // 2 人目のデータを取り出す
    console.log("!!!!");
};
```

実行して、どのようなときにコンソール出力に !!!! が表示されるのかを確認しましょう。コメントを見れば何が起こるか想像できますね？

それが終わったら、先ほどの 1 行は消して、次のように 3 行追加します。

onCollision() 関数 - infection_4.js

```javascript
// ぶつかったとき（ヒト 1、ヒト 2）
const onCollision = function (h1, h2) {
    const d1 = h1.data();  // 1 人目のデータを取り出す
    const d2 = h2.data();   // 2 人目のデータを取り出す
    if (d1.recovered === false && d1.sick <= 0 && d2.sick) {
        d1.sick = 1000; ←————————病気になる（うつる）
    }
};
```

ここでは、ヒト h1 があなただとして、あなた（自分）の状態を変えます。d1 は自分のデータ、d2 はぶつかった相手のデータです。if 文の条件が少々複雑ですが、順番に見ていきましょう。条件は 3 つあり、すべて && でつながれています（図 9-3）。

```
d1.recovered === false && d1.sick <= 0 && d2.sick
```

図 9-3 if 文の条件式

まず、d1.recovered === false は自分が「病気から回復したヒト」ではないということを表します。一度かかって回復したらもう病気にならないので、この条件は必須です。次の条件、d1.sick <= 0 は自分が現在病気でないことを表します。そして、最後の条件、d2.sick は相手が現在病気であるということを表します。

3つの条件が同時に起こったとき、あなた h1 は病気になります（相手 h2 から感染します）。

病気の状態は、ヒトのデータの sick が 0 より大きいことで表します。ここでは 1000 に設定し、これをだんだん減らすことで、病気が治っていくことを表します。

病気がうつるようになったら、setup() 関数で最初の感染者を作りましょう。ここでは、とりあえず、1人だけ病気の度合い d.sick を 1000 に設定しています。

&& の使い方は、3.2節で説明していますよ。

CODE onCollision() 関数 - infection_5.js

```
    h.motion().go(10).repeat();
}
for (let i = 0; i < 1; i += 1) {
    const d = city.get(i).data();
    d.sick = 1000;
}
p.animate(draw, [p, city, ps]);  // アニメーションする
```

観察しよう

ここで実行しても、一度病気になったヒトは、ずっと病気のままで、回復しません（d.sick は 1000 のままです）。それに、病気かどうかが見た目では判別できません。そこで、drawHuman() 関数を次のように変えます。

drawHuman()関数 - infection_6.js

```javascript
const drawHuman = function (p) {
    const d = this.data();  // データを取り出す
    if (0 < d.sick) {
        d.sick -= 1; •————————————————病気が少し治る
        if (d.sick <= 0) { •————————————〔d.sick が 0 以下（完治）〕のときは～
            d.recovered = true; •————————➡「回復した」を true に
        }
    }
    const r = p.getRuler();  // 定規をもらう
    r.fill().color("White");
    r.circle(0, 0, 5).draw("fill");
    r.fill().color("Red", d.sick / 1000); •— d.sick に合わせた不透明度の赤色に
    r.circle(0, 0, 5).draw("fill");
};
```

　一度白色で円を描いてから、病気の度合い d.sick を不透明度とし
て、赤色でもう一度円を描いています。この色 Red は好きな色にして
も構いませんよ。

　これで、病気かどうかはわかりますが、一度かかるともう一度とかか
らないので、回復したことも色で表現しましょう。次のようにさらに変
更します。

見た目でわかりや
すくするんだな！

 drawHuman()関数 - infection_7.js

```javascript
const drawHuman = function (p) {

    const r = p.getRuler();  // 定規をもらう
    if (d.recovered) { •————————————————〔d.recovered が true〕のときは……
        r.fill().color("Blue"); •————————➡ぬりスタイルを青色に
    } else {
        r.fill().color("White");
    }
    r.circle(0, 0, 5).draw("fill");
    r.fill().color("Red", d.sick / 1000);
```

これで、病気のシミュレーションは完成しました！実行して、健康（白色）なヒトが病気（赤色）になり、回復（青色）していく様子を観察しましょう。

全体の人数を変えたり、最初の感染者数を変えたりして、実験です！

実行結果▼

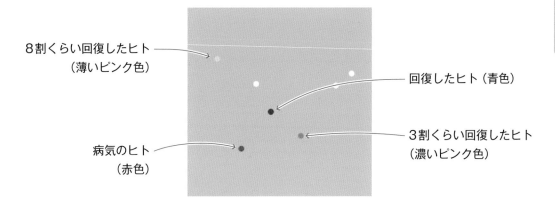

8割くらい回復したヒト（薄いピンク色）

回復したヒト（青色）

3割くらい回復したヒト（濃いピンク色）

病気のヒト（赤色）

グラフを付けて状況をわかりやすく

　シミュレーションでは、ヒトに健康、病気、回復の3つの状態があります。すでに人数を増やして実験してみたと思いますが、それぞれの人数を知りたくなりませんでしたか？

　ここでは人数をグラフで表示してみます。次のように行を追加します。最後に、オブジェクトps に chart を追加するのも忘れないようにしましょう。

 setup()関数 - infection_8.js

```
// そのほかの部品を作る
const chart = new WIDGET.Chart(600, 144);
chart.setDigits(0);
chart.setItems(count(city));
// 部品をまとめる
const ps = { chart };
```

この時点で実行すると、実行画面の下にグラフらしきものが表示されたと思いますが、まだ、人数を数えていないので、何も変化がありません。そこで、今まで使っていなかった関数 count() を修正します。

CODE **count() 関数 - infection_8.js**

```javascript
// 人数を数える（街）
const count = function (city) {
    let healthy = 0;   // 健康
    let sick = 0;   // 病気
    let recovered = 0;   // 回復
    for (const h of city) {
        const d = h.data();
        if (0 < d.sick) {              ──────[d.sick が 0 より大きい]のときは……
            sick += 1;
        } else if (d.recovered) {      ──────[d.recovered が true]のときは……
            recovered += 1;
        } else {
            healthy += 1;
        }
    }
    return { healthy, sick, recovered };   // まとめて返す
};
```

最初に変数 healthy、sick、recovered を用意し、すべて 0 にしています。この変数はそれぞれ、健康なヒト、病気のヒト、病気から回復したヒトの人数を表します。

for 文を確認しましょう。for (const h of city) { から始まる for 文では、定数 h に、ステージ city のヒトが 1 人ずつセットされます。さらに const d = h.data(); でそのヒトのデータを取り出しています。

for 文の中の if 文で、このデータを見て、変数 healthy、sick、recovered のどれかの値を 1 増やしています。

そして関数の最後で、この 3 つの変数をまとめてオブジェクトを作り、return しています。

この count() 関数を、draw() 関数の中から呼び出されるようにして、毎回、人数の変化をデータとしてグラフに追加していきます。

つまり数を数えているんだ。わかっタカな？

224

CODE draw()関数 - infection_8.js

```
const draw = function (p, city, ps) {
    p.styleClear().color("LightBlue").draw();  // 消す

    ps.chart.addData(count(city));

    city.draw(p, [p]);  // 街（ステージ）を描く
```

実行結果▶

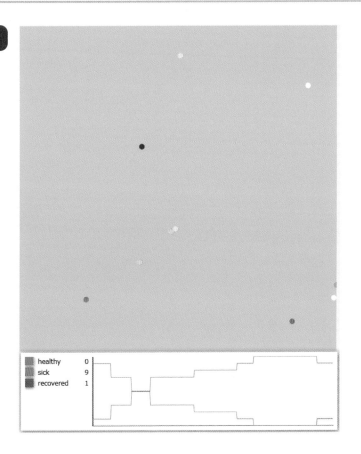

✓ チェックポイント

ここでのプログラミングはうまくできたでしょうか？ 本書の通りに進めていくと、上の実行結果のような見た目になっていると思います。もしかすると、自分で何か変えてみたかもしれませんね。ひととおり、問題なく動いていることを確認しましょう！

パンデミックを回避する

　今はまだヒトの数自体が少ないので、それほど問題は起こりません。しかし、人数が多くなれば なるほど、感染は広まりやすくなります。それでは、人数が多くなったとしても感染しないように するには、どうしたらよいでしょうか？

　パンデミック（大流行）を防ぐには、ヒトが「密」を避けることが重要です。プログラム上で密 を避けたり密を作ったりするには、最初に、ヒトの密度を考える必要があります。

　スプライト・ライブラリ（SPRITE）には、各地点の密度を計算して、その密度を色の濃淡で表 示してくれる「密度マップ」という機能があります。

　密度マップは次のようにプログラムに追加します。また、ヒトの数も増やします。

📄 setup()関数 - infection_9.js

```
const setup = function () {

    // そのほかの部品を作る
    const dm = new SPRITE.DensityMap(600, 600, 30);  ←――――― 密度マップを作る
    city.addObserver(dm);  ←――――― city の更新を密度マップに通知するようにする
    const chart = new WIDGET.Chart(600, 144);

    // 部品をまとめる
    const ps = { chart, dm };  ←――――― draw() で使うので追加

    for (let i = 0; i < 100; i += 1) {
        const h = makeHuman();
        city.add(h);  // 街（ステージ）に追加
        toMoveToCrowdedArea(h, dm);
    }
```

　それではこの密度マップを使って、ひとまず、ヒトが密に集まるようにしましょう。その前に、 密度の高い地点（混んでいる場所）の方向を求める関数 getCrowdedDirection() を作ります。 ヒトの今いる位置から、一番密度の高い方向を返します。

getCrowdedDirection()関数 - infection_9.js

```
const getCrowdedDirection = function (dm, x, y) {
    let deg = 0;                                     仮に角度を0°に
    let den = 0;                                     仮に最高密度を0に
    for (let i = 0; i < 360; i += 5) {               360°ぐるっと……
        const d = dm.getDensity(x, y, i, 60);        60ピクセルの範囲で
        if (den < d) {            〔今のところの最高密度より大きい〕ときは……
            den = d;                   ➡最高密度を更新
            deg = i;                   ➡角度も更新
        }
    }
    return deg;
};
```

続けて、密に集まる関数 toMoveToCrowdedArea() を作ります。密度マップをもとに「密度の高い方向」を求め、その方向に進むようにモーションを設定します。

 toMoveToCrowdedArea()関数 - infection_9.js

```
const toMoveToCrowdedArea = function (h, dm) {
    const deg = getCrowdedDirection(dm, h.x(), h.y());   密度の高い方向を求める
    const m = h.motion();
    m.direction(deg);                               密度の高い方向に向きを変えて
    m.go(10);                                       少し進む
    m.doLater(toMoveToCrowdedArea, [h, dm]);        またこの関数を実行
};
```

ここまでで、密に移動するプログラムは完成しました。ですが、せっかくですので、密度マップを表示させてみましょう。

 draw()関数 - infection_9.js

```
const draw = function (p, city, ps) {
    p.styleClear().color("LightBlue").draw();  // 消す

    p.styleFill().color("Purple");
```

```
    ps.dm.draw(p, 10);  ←————————密度マップを描く

    ps.chart.addData(count(city));


    city.draw(p, [p]);  // 街（ステージ）を描く
```

ここで、`ps.dm.draw(p, 10);` の 10 は、密度マップを描くときの最大密度を指定していて、この場合、10 人いるところが一番濃い紫色になります。ヒトを増やしすぎて密度が色の濃い部分が多くなりすぎるときは、この値を増やしてみましょう。

実行結果▶

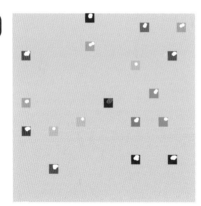

密の地点がいくつかできて
そのまま移動しなくなる

ここから、自分でプログラムを改造しましょう。プログラムを少し変えるだけで、いろいろな変化を楽しめるのが**改造レシピ**です。どれから取り掛かっても OK です。

スーパー・スプレッダーとは、通常よりもたくさんのヒトに病気を広める感染者のことです。ここでは、よりたくさん歩き回ることで表現します。

toMoveToCrowdedArea() 関数 - `infection_r1.js`

```
// 動きを設定する - 密がすき（動き、ヒト、密度マップ）
const toMoveToCrowdedArea = function (h, dm) {
```

```
    m.go(10);
    if (CALC.isLikely(10)) {  ←──────〔100 回に 10 回〕のときは……
        m.go(100);  ←───────────➡たくさん進む
    }
    m.doLater(toMoveToCrowdedArea, [h, dm]);
};
```

　if (CALC.isLikely(10)) { とすると、10% の確率で if 文が true になります。すなわちこ
こでは、10% の確率でヒトが通常の 10 倍前に進むようになるということです。
　確率や進む距離を変えると、感染者数はどう変わるでしょうか？

レシピ **2** 密を避けて

　密を好む行動を少し変えると、密を避ける行動を作ることができます。新たに関数を 2 つ追加
します。入力する分量が多いようですが、すでに作った toMoveToCrowdedArea() 関数を**コ
ピーして違うところだけを書き換える**と簡単です。

 toMoveToCrowdedArea() 関数の下（プログラムの最後）- `infection_r2.js`

```
    m.doLater(toMoveToCrowdedArea, [h, dm]);
};
```

```
const toMoveToVacantArea = function (h, dm) {
    const deg = getCrowdedDirection(dm, h.x(), h.y());  ←密度の高い方向を求める
    const m = h.motion();
    m.direction(deg + 180);  ←───────密度の高い方向の逆を向く
    m.go(10);
    m.doLater(toMoveToVacantArea, [h, dm]);
};
```

新しい関数を作ったら、作った関数を使いましょう。

 setup() 関数 - infection_r2.js

```
// 準備する
const setup = function () {

    for (let i = 0; i < 100; i += 1) {
        const h = makeHuman();
        city.add(h);  // 街（ステージ）に追加
        toMoveToVacantArea(h, dm);
    }

```

実行結果例▶

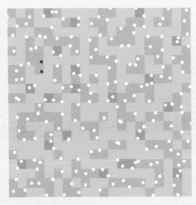

密を避けようとして
小刻みに動き続ける

レシピ **3** ヒトによりけり

このレシピは、レシピ2を終えてから取り組みます。

どちらの行動をとるのかをヒトによって変えてみましょう。if (CALC.isLikely(50)) { と
すると、50% の確率で if 文が true になります。すなわちここでは、50% のヒトが密を好み、残
りの 50% のヒトが密を避けるようになります。

CODE setup() 関数 - infection_r3.js

```
const setup = function () {
```

```
    for (let i = 0; i < 100; i += 1) {
        const h = makeHuman();
        city.add(h);  // 街（ステージ）に追加
        if (CALC.isLikely(50)) {  ─────────────〔100 回に 50 回〕のときは……
            toMoveToCrowdedArea(h, dm);  ·────── ➡動きを設定
        } else {  ·──────────────────────────── 〔そうでない〕ときは……
            toMoveToVacantArea(h, dm);  ·─────── ➡動きを設定
        }
    }
```

```
};
```

レシピ 4 免疫のあるヒト

　最初から「病気にならないヒト」がいたらどうなるでしょうか？ ヒトが持っているデータの
recovered が true のヒトはもう病気にならないことを利用します。そういうヒトがはじめから
何人かいれば、感染は広がらないでしょうか？

CODE setup() 関数 - infection_r4.js

```
const setup = function () {
```

```
        d.sick = 1000;
    }
    for (const h of city) {
        const d = h.data();            〔病気じゃない かつ 100 人に 5 人〕のときは……
        if (d.sick <= 0  && CALC.isLikely(5)) {  ·──────┐
            d.recovered = true;  ·────── ➡すでに回復済み（免疫あり）に
        }
    }
    p.animate(draw, [p, city, ps]);  // アニメーションする
};
```

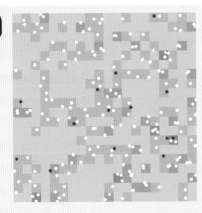

実行すると最初から
回復した（病気にならない）
ヒト（青色）がいる

Column

パンデミックを回避する

....

このシミュレーションでは、感染者は一定期間後に必ず治癒し、以降は再び病気になることはありません。ここでのポイントは、最大で何人が病気になるかです。
すべての感染者が病院で治療を受けられるためには、その最大人数は、病院が受け入れられる人数以内に抑える必要があります。すなわち、医療崩壊を招かないためには、この最大患者数をいかに抑えるかがカギになるのです。

レシピ **5** 新たな感染経路

　これまでは接触感染のみをシミュレートしてきました。どれだけ近づけばぶつかったことになるかを判定していた衝突の半径の値を少し変えるだけで、ヒト同士が直接ぶつからなくても、飛沫感染や空気感染によって広まる病気に変えることができます。

 makeHuman() 関数 - `infection_r5.js`

```
const makeHuman = function () {

    h.direction(CALC.random(0, 360));   // 方向を設定
    h.collisionRadius(10);   // 衝突する半径を設定
    h.onCollision(onCollision);   // 衝突したとき
```

ヒトは半径 5 の円なので、衝突する半径をそれより大きくすると、接触しなくても、近くに行くだけで接触したことに（病気がうつるように）なります。

レシピ 6　病気の度合いをわかりやすく

病気の度合いを色とは違った方法で表現してみましょう。

 drawHuman() 関数 - infection_r6.js

```
const drawHuman = function (p) {

    const r = p.getRuler();  // 定規をもらう
    r.edge(PATH.triangleEdge(4, d.sick / 1000));
    if (d.recovered) {
        r.fill().color("Blue");
```

　d.sick は 0 〜 1000 なので、d.sick ／ 1000 は 0 〜 1 の割合となります。エッジの種類や間隔、幅を変えることができます。

実行結果例▶

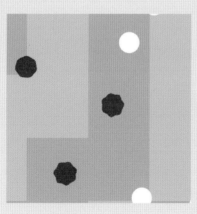

病気のヒトのエッジが
とげとげになる

エッジについては 2.3 節を見てくださいね。

9.4 本章のまとめ

入力する量がカナリアったよな？ よくガンばったな！

　本章は感染症の広がりをテーマに、はじめの 9.1 節では人類が経験してきた過去の感染症の歴史をふりかえりました。9.2 節からは、架空の感染症のシミュレーションを行い、行動の仕方で感染数がどう変わるかを実験しました。

■ 人類はこれまで、さまざまな感染症の大流行を経験してきました。

■ 特効薬やワクチンなどが開発されるまでは、行動様式が感染を抑えるカギとなります。

■ ヒトに見立てたスプライトをランダムに移動させ、その接触を感染にたとえるという単純なモデルでも、簡単なシミュレーションを行えます。

　最後に、すべての改造を適用した場合のプログラムを掲載します。いろいろと設定を変えて、パンデミックを避けるにはどうしたらよいか、実験しましょう。

 infection_all.js

```javascript
// 準備する
const setup = function () {
    // 紙を作って名前を「p」に
    const p = new CROQUJS.Paper(600, 600);
    // ステージを作って名前を「city」に
    const city = new SPRITE.Stage();
    // そのほかの部品を作る
    const dm = new SPRITE.DensityMap(600, 600, 30);
    city.addObserver(dm);
    const chart = new WIDGET.Chart(600, 144);
```

```
        chart.setDigits(0);
        chart.setItems(count(city));
        // 部品をまとめる
        const ps = { chart, dm };

        for (let i = 0; i < 100; i += 1) {
            const h = makeHuman();
            city.add(h);   // 街（ステージ）に追加
            if (CALC.isLikely(50)) {
                toMoveToCrowdedArea(h, dm);
            } else {                                      レシピ3
                toMoveToVacantArea(h, dm);
            }
        }
        for (let i = 0; i < 1; i += 1) {
            const d = city.get(i).data();
            d.sick = 1000;
        }
        for (const h of city) {
            const d = h.data();
            if (d.sick <= 0 && CALC.isLikely(5)) {
                d.recovered = true;                       レシピ4
            }
        }
        p.animate(draw, [p, city, ps]);   // アニメーションする
};


// 絵を描く（紙、部品）
const draw = function (p, city, ps) { 省略 };


// 人数を数える（シティ）
const count = function (city) { 省略 };


// ヒト（スプライト）を作る
const makeHuman = function () {
    const h = new SPRITE.Sprite(drawHuman);
    h.data({ sick: 0, recovered: false });   // データを設定
```

235

```
        h.x(CALC.random(0, 600));   // x 座標を設定
        h.y(CALC.random(0, 600));   // y 座標を設定
        h.sctRangcX(0, 600, truc);   // x 座標を制限し、左右をループ
        h.setRangeY(0, 600, true);   // y 座標を制限し、上下をループ
        h.direction(CALC.random(0, 360));   // 方向を設定
        h.collisionRadius(10);   // 衝突する半径を設定 •————— レシピ5
        h.onCollision(onCollision);   // 衝突したとき
        h.motion(new TRACER.TraceMotion());
        return h;
    };


    // ヒトを描く（紙）
    const drawHuman = function (p) {
        const d = this.data();   // データを取り出す
        if (0 < d.sick) {
            d.sick -= 1;
            if (d.sick <= 0) {
                d.recovered = true;
            }
        }
        const r = p.getRuler();   // 定規をもらう
        r.edge(PATH.triangleEdge(4, d.sick / 1000));   •————— レシピ6
        if (d.recovered) {
            r.fill().color("Blue");
        } else {
            r.fill().color("White");
        }
        r.circle(0, 0, 5).draw("fill");
        r.fill().color("Red", d.sick / 140);
        r.circle(0, 0, 5).draw("fill");
    };


    // ぶつかったとき（ヒト1、ヒト2）
    const onCollision = function (h1, h2) {   省略   };


    // 混んでいる方向を求める（密度マップ、x 座標、y 座標）
```

```
const getCrowdedDirection = function (dm, x, y) { 省 略 };


// 密に集まる（ヒト、密度マップ）
const toMoveToCrowdedArea = function (h, dm) {
    const deg = getCrowdedDirection(dm, h.x(), h.y());
    const m = h.motion();
    m.direction(deg);
    m.go(10);
    if (CALC.isLikely(10)) {
        m.go(100);                                          ─────レシピ1
    }
    m.doLater(toMoveToCrowdedArea, [h, dm]);
};


const toMoveToVacantArea = function (h, dm) {
    const deg = getCrowdedDirection(dm, h.x(), h.y());
    const m = h.motion();
    m.direction(deg + 180);                                 ──レシピ2
    m.go(10);
    m.doLater(toMoveToVacantArea, [h, dm]);
};
```

おわりに

　子供の遊びの1つに、お絵描きがあります。遊びですから本来の目的は楽しさなのですが、実際の効果はそれだけではありません。さまざまな感覚を受け取り、脳をフル回転させることによって、多くのことを学ぶはずです。

　大人の教養と言うと、どうしても堅苦しい意義や目的というゴールを真っ先に考えてしまいます。ですが、まずは楽しむことをゴールとしたプロセスがあり、次にその効果として学びがあるという方が、自然な流れなのです。

　そこで、サイエンスもプログラミングも、楽しみながら何かを作り出す過程を通じて身に付けられるように、本書の構成や内容に工夫をこらしました。

　ところで本書は、あえてプログラミング自体の原理などを網羅していません。楽しそうなところに向かうための道筋は押さえつつ、それ以外をできるだけはしょっています。いきなり本格的な登山に出かけるよりも、まずは遊歩道のトレッキングからというわけです。

　そもそもプログラミングは、何かを作るための手段、紙とペンのようなものです。子供のお絵描きと本質的に違いはありません。だから、サイエンスとプログラミングに取り組み、全力で楽しんでもらえれば、本書の目的は達成されたことになります。

謝辞

　「サイエンス＆プログラミング教室ラッコラ」を一緒に作り上げてきたスタッフ（楢木さん、中田さん、中村さん、およびこれまで関わってくれた皆さん）はもとより、参加してくれた子供たちがいたからこそ、本書は生まれました。心より感謝申し上げます。

　出版の機会をくださった翔泳社の大嶋さん、片岡さん、素敵なトリたちを描いてくださったイラストレーターの竹添さんには大変お世話になりました。原稿のレビューをしてくれた細谷さん、大谷さん、執筆に専念させてくれたスペースタイムの皆さんには、感謝の言葉もありません。そして私の家族、礼佳と諧思、いつもありがとう。

　最後に、本書を手に取り、プログラミングに挑戦してくださった読者の皆様に感謝を述べたいと思います。ありがとうございました。

スペースタイム　柳田拓人

参考文献・参考サイト

・小林禎作、『雪の結晶はなぜ六角形なのか』、ちくま文芸文庫、2013 年
・菊地勝弘、『雪と雷の世界 雨冠の気象の科学－II』、気象ブックス 028、成山堂、2009 年
・前野紀一、『氷の科学』、第 2 版、北海道大学図書刊行会、2004 年
・杉山滋郎、『ミネルヴァ日本評伝選 中谷宇吉郎』、ミネルヴァ書房、2015 年
・吉里勝利（監）、『スクエア最新図説生物』、第一学習社、2004 年
・大場秀章（監）・清水晶子（著）、『絵でわかる植物の世界』、絵でわかるシリーズ、講談社、2004 年
・八田洋章（編著）、『図解雑学 植物の科学』、ナツメ社、2004 年
・増田芳雄（監）・山本良一・櫻井直樹（著）、『絵とき植物生理学入門』、改訂 2 版、オーム社、1988 年
・大田登、『色彩工学』、第 2 版、東京電機大学出版局、2001 年
・内川惠二・栗木一郎・篠田博之、「開口色と表面色モードにおける色空間のカテゴリカル色名領域」、照明学会誌、Vol. 77、No. 6、pp. 74-82（1993）
・Wandell BA. Foundations of Vision. Sinauer Associates. 1995.（https://foundationsofvision.stanford.edu/）
・Cole BL. The handicap of abnormal colour vision. Clin Exp Opt 2004; 87:258–275.
・トランスナショナル・カレッジ・オブ・レックス、『フーリエの冒険』、言語交流研究所 ヒッポファミリークラブ、1988 年
・吉澤純夫、『音のなんでも実験室 遊んでわかる音のしくみ』、ブルーバックス B-1521、講談社、2006 年
・日本音響学会（編）、『音のなんでも小事典 脳が音を聴くしくみから超音波顕微鏡まで』、ブルーバックス B-1150、講談社、1996 年
・中村健太郎、『図解雑学 音のしくみ』、ナツメ社、1999 年
・国立感染症研究所、感染症疫学センターウェブサイト（https://www.niid.go.jp/niid/ja/from-idsc.html）
・厚生労働省検疫所ウェブサイト（https://www.forth.go.jp/）
・国立国際医療研究センター病院　AMR 臨床リファレンスセンター（https://amr.ncgm.go.jp/）

INDEX

242

●**著者プロフィール**

スペースタイム　柳田拓人

1981 年札幌生まれ。2009 年北海道大学大学院情報科学研究科コンピュータサイエンス専攻博士後期課程修了。博士 (情報科学)。2009 年静岡大学電子工学研究所助教、ヒューマン・コンピュータ・インタラクションと人工知能の研究に従事。2014 年株式会社スペースタイム入社、ラッコラのカリキュラム開発を担当し、現在に至る。プログラミングは、MSX-BASIC に始まり、C/C++ 言語、Java、Python でのアプリ開発、現在の JavaScript、PHP でのウェブ開発まで、趣味と仕事とで30 年以上にわたる。

●**監修者プロフィール**

サイエンス＆プログラミング教室　ラッコラ

株式会社スペースタイムが 2014 年秋から運営する、小中学生向けサイエンス＆プログラミング教室。同一のテーマをサイエンス編とプログラミング編とで相互補完的に扱う点、プログラミング編において、プログラミング言語として JavaScript を採用し、独自の開発環境を使用する点が特徴。
URL : https://laccolla.com

装丁・本文デザイン：坂本真一郎 (クオルデザイン)
DTP：BUCH⁺
カバーイラスト・本文挿画：竹添星児

つくって楽しいJavaScript入門

身近な不思議をプログラミングしてみよう

2021年11月10日 初版　第1刷発行

著　　　者	スペースタイム　柳田拓人 (やなぎだ・たくと)	
監　　　修	サイエンス＆プログラミング教室ラッコラ	
発　行　人	佐々木 幹夫	
発　行　所	株式会社 翔泳社 (https://www.shoeisha.co.jp)	
印刷・製本	株式会社シナノ	

ISBN978-4-7981-6832-6
Printed in Japan